U0180842

第十七届

中国土木工程詹天佑奖

获奖工程集锦

郭允冲　主编

中 国 土 木 工 程 学 会
北京詹天佑土木工程科学技术发展基金会

中国建筑工业出版社

图书在版编目（CIP）数据

第十七届中国土木工程詹天佑奖获奖工程集锦／
郭允冲主编. —北京：中国建筑工业出版社，2020.2
ISBN 978-7-112-24453-9

Ⅰ.① 第… Ⅱ.① 郭… Ⅲ.① 土木工程－科技成
果－中国－现代 Ⅳ.① TU-12

中国版本图书馆CIP数据核字（2019）第237875号

责任编辑：王砾瑶　范业庶
书籍设计：锋尚设计
责任校对：李美娜

第十七届中国土木工程詹天佑奖获奖工程集锦
中国土木工程学会
北京詹天佑土木工程科学技术发展基金会
郭允冲　主编
＊
中国建筑工业出版社出版、发行（北京海淀三里河路9号）
各地新华书店、建筑书店经销
北京锋尚制版有限公司制版
北京富诚彩色印刷有限公司
＊
开本：965×1270毫米　1/16　印张：12　字数：446千字
2020年2月第一版　2020年2月第一次印刷
定价：199.00元
ISBN 978-7-112-24453-9
（34942）

版权所有　翻印必究
如有印装质量问题，可寄本社退换
（邮政编码100037）

《第十七届中国土木工程詹天佑奖获奖工程集锦》编委会

主　　编：郭允冲

副 主 编：戴东昌　王同军　王祥明　张宗言　刘起涛　王　俊

　　　　　李　宁　顾祥林　聂建国　徐　征　李明安

编　　辑：程　莹　薛晶晶　董海军

前言

土木工程是一门与人类历史共生并存、集人类智慧之大成的综合性应用学科，它源自人类生存的基本需要，转而渗透到了国计民生的方方面面，在国民经济和社会发展中占有重要的地位。如今，一个国家的土木工程技术水平，已经成为衡量其综合国力的一个重要内容。

"科技创新，与时俱进"，是振兴中华的必由之路，是保证我们国家永远立于世界民族之林的关键之一。同其他科学技术一样，土木工程技术也是一门需要随着时代进步而不断创新的学科，在我们中华民族为之骄傲的悠久历史上，土木建筑曾有过举世瞩目的辉煌！在改革开放的今天，现代化进程为中华大地带来了日新月异的变化，国民经济发展迅猛，基础建设规模空前，我国先后建成了一大批具有国际水平的重大工程项目，这无疑为我国土木工程技术的发展与应用提供了无比广阔的空间，同时，也为工程建设者们施展才能提供了绝妙的机会。

习近平总书记在两院院士大会上强调："中国要强盛、要复兴，就一定要大力发展科学技术，努力成为世界主要科学中心和创新高地"。为贯彻国家关于建立科技创新体制和建设创新型国家的战略部署，积极倡导土木工程领域科技应用和科技创新的意识，中国土木工程学会与北京詹天佑土木工程科学技术发展基金会专门设立了"中国土木工程詹天佑奖"，以奖励和表彰在科技创新特别是自主创新方面成绩卓著的优秀项目，树立科技领先的样板工程，并力图达到以点带面的目的。自1999年开始，迄今已评奖17届，共计494项工程获此殊荣。

詹天佑大奖是经国家批准、住房城乡建设部认定、科技部首批核准，在建设、铁道、交通、水利等土木工程领域组织开展，以表彰奖励科技创新与新技术应用成绩显著的工程项目为宗旨的科技奖项。詹天佑大奖评选表彰活动始终坚持"数量少、质量高、程序规范"的评选原则，已成为我国土木工程建设领域科技创新的最高奖项，为弘扬科技创新精神，激发科技人员创新热情与创造活力，促进我国土木工程科学技术繁荣发展发挥了积极作用。

为了扩大宣传，促进交流，我们编撰出版了这部《第十七届中国土木工程詹天佑奖获奖工程集锦》大型图集，对第十七届的31项获奖工程作了简要介绍，并配发了具有代表性的图片，以助读者更为直观地领略获奖工程的精华之所在。另外，我们也想借助这本图集的发行，赢得广大工程界的朋友对"詹天佑大奖"更进一步的了解、支持和参与，希望通过我们的共同努力，使这一奖项更具创新性、先进性和权威性。

由于编印时间仓促，疏漏之处在所难免，敬请批评指正。

本图集主要是根据第十七届詹天佑大奖申报资料中的照片和说明以及部分获奖单位提供的获奖工程照片选编而成。谨此，向为本图集提供资料及图片的获奖单位表示诚挚的谢意。

目录

获奖工程及获奖单位名单

重庆西站

（推荐单位：山西省土木建筑学会）

中铁十二局集团有限公司
同济大学建筑设计研究院（集团）有限公司
中铁十二局集团建筑安装工程有限公司
山西四建集团有限公司
中国铁路成都局集团有限公司客站建设指挥部
中铁二院工程集团有限责任公司

中国散裂中子源一期工程

（推荐单位：广东省土木建筑学会）

广东省建筑工程集团有限公司
广东省建筑工程机械施工有限公司
广东省建筑设计研究院
中国科学院高能物理研究所
华南理工大学

国贸三期B工程

（推荐单位：中国土木工程学会总工程师工作委员会）

中建一局集团建设发展有限公司
中国国际贸易中心股份有限公司
奥雅纳工程咨询（上海）有限公司北京分公司
中冶京诚工程技术有限公司
北京江河幕墙系统工程有限公司
中国二十二冶集团有限公司
上海宝立建筑装饰工程有限公司

京津城际天津滨海站（原于家堡站）

（推荐单位：中国铁道工程建设协会）

中铁建工集团有限公司
津滨城际铁路有限责任公司
中国铁路设计集团有限公司
江苏沪宁钢机股份有限公司

新疆大剧院

（推荐单位：新疆维吾尔自治区土木建筑学会）

中建三局集团有限公司
深圳市建筑设计研究总院有限公司
江苏南通二建集团有限公司
南通四建集团有限公司

成都博物馆新馆建设工程

（推荐单位：中国建筑集团有限公司）

中国建筑第二工程局有限公司
中国航空规划设计研究总院有限公司
成都博物馆
中国建筑西南勘察设计研究院有限公司
重庆大学

珠海歌剧院

（推荐单位：中国建筑集团有限公司）

中国建筑第八工程局有限公司
珠海城建投资开发有限公司
北京市建筑设计研究院有限公司
浙江江南工程管理股份有限公司
浙江精工钢结构集团有限公司

南京紫峰大厦

（推荐单位：上海市城乡建设和管理委员会科学技术委员会办公室）

上海建工集团股份有限公司
上海建工四建集团有限公司
华东建筑设计研究院有限公司
上海市机械施工集团有限公司
上海建科工程咨询有限公司

科威特中央银行新总部大楼项目

（推荐单位：中国建筑集团有限公司）

中国建筑股份有限公司
中建中东有限责任公司
中建三局第二建设工程有限责任公司

泰州长江公路大桥

（推荐单位：江苏省土木建筑学会)

中交第二公路工程局有限公司
江苏省交通工程建设局
中设设计集团股份有限公司
中铁大桥勘测设计院集团有限公司
中铁武汉大桥工程咨询监理有限公司
中交第二航务工程局有限公司
中铁大桥局集团有限公司
江苏省交通工程集团有限公司
中铁宝桥集团有限公司
江苏法尔胜缆索有限公司

南京长江第四大桥

（推荐单位：中国交通建设股份有限公司）

南京市公共工程建设中心
中交公路规划设计院有限公司
中交第二航务工程局有限公司
中交第二公路工程局有限公司
中交第三航务工程局有限公司
中铁大桥局集团有限公司
中铁宝桥集团有限公司
山东省路桥集团有限公司
江苏省交通工程集团有限公司
镇江蓝舶科技股份有限公司

云桂铁路南盘江特大桥

（推荐单位：中国铁道建筑集团有限公司）

中铁十八局集团有限公司
云桂铁路云南有限责任公司
中铁二院工程集团有限责任公司
广西大学
中铁十八局集团第二工程有限公司

新建拉萨至日喀则铁路

（推荐单位：中国铁道工程建设协会）

中铁十二局集团有限公司
中国铁路青藏集团有限公司
中铁第一勘察设计院集团有限公司
中铁二十一局集团有限公司
中铁五局集团有限公司
中交第四公路工程局有限公司
中铁十九局集团有限公司
中铁七局集团有限公司
中国葛洲坝集团股份有限公司
中铁八局集团有限公司

郑州至徐州铁路客运专线

（推荐单位：中国铁道工程建设协会）

中铁第四勘察设计院集团有限公司
郑西铁路客运专线有限责任公司
中铁十二局集团有限公司
中铁七局集团有限公司
中铁十七局集团有限公司
中铁三局集团有限公司
中铁二十局集团有限公司
中铁四局集团有限公司
中铁电气化局集团有限公司
中国铁路通信信号股份有限公司

云桂铁路

（推荐单位：中国铁道工程建设协会）

中铁二院工程集团有限责任公司
云桂铁路云南有限责任公司
云桂铁路广西有限责任公司
中铁一局集团有限公司
中铁隧道局集团有限公司
中铁十局集团有限公司
中铁十八局集团有限公司
中铁十九局集团有限公司
中铁十四局集团有限公司
中铁二十五局集团有限公司

南昌市红谷隧道工程

（推荐单位：中国土木工程学会隧道及地下工程分会）

中铁隧道局集团有限公司
南昌市政公用投资控股有限责任公司
中铁第六勘察设计院集团有限公司
南昌市城市规划设计研究总院
江西省水利规划设计研究院
江西中昌工程咨询监理有限公司

扬州市瘦西湖隧道工程

（推荐单位：中国铁道建筑集团有限公司）

中铁十四局集团有限公司
扬州市市政建设处
中铁第四勘察设计院集团有限公司
上海建通工程建设有限公司

杭州市紫之隧道（紫金港路～之江路）工程

（推荐单位：中国土木工程学会隧道及地下工程分会）

杭州市城市建设投资集团有限公司

中铁一局集团有限公司
中国电建集团华东勘测设计研究院有限公司
中铁隧道局集团有限公司
中铁三局集团有限公司
中铁十四局集团有限公司
中铁十六局集团有限公司

雅安至泸沽高速公路

（推荐单位：四川省土木建筑学会）

中铁二十三局集团有限公司
中铁十二局集团有限公司
湖南省交通规划勘察设计院有限公司
中铁西南科学研究院有限公司
路港集团有限公司
西南交通大学
四川公路桥梁建设集团有限公司
四川高速公路建设开发集团有限公司
四川雅西高速公路有限责任公司
四川省公路规划勘察设计研究院有限公司

徐州至明光高速公路安徽段

（推荐单位：中国公路学会）

安徽省交通控股集团有限公司
安徽省交通规划设计研究总院股份有限公司
安徽省路港工程有限责任公司
安徽省公路桥梁工程有限公司
安徽省路桥工程集团有限责任公司
安徽巢湖路桥建设集团有限公司
武汉广益交通科技股份有限公司
建华建材（中国）有限公司
安徽省公路工程建设监理有限责任公司
安徽省通皖建设工程有限公司

四川大渡河大岗山水电站

（推荐单位：中国大坝工程学会）

国电大渡河大岗山水电开发有限公司
中国电建集团成都勘测设计研究院有限公司
武汉理工大学
中国水利水电科学研究院
长江勘测规划设计研究有限责任公司
中国水利水电建设工程咨询北京有限公司
中国葛洲坝集团股份有限公司
中国水利水电第七工程局有限公司
中国葛洲坝集团市政工程有限公司
北京振冲工程股份有限公司

黄骅港三期工程

（推荐单位：中国水运建设行业协会）

中交第一航务工程局有限公司
中交第一航务工程勘察设计院有限公司
中交水运规划设计院有限公司
中交一航局第一工程有限公司
中交一航局第三工程有限公司
中交一航局第四工程有限公司
中交一航局安装工程有限公司

青岛港前湾港区迪拜环球码头工程

（推荐单位：中国交通建设股份有限公司）

中交第一航务工程勘察设计院有限公司
青岛新前湾集装箱码头有限责任公司
青岛港国际股份有限公司港建分公司
青岛港（集团）港务工程有限公司
中交一航局第二工程有限公司
长江南京航道工程局
山东省交通工程监理咨询有限公司

深圳市城市轨道交通十一号线

（推荐单位：中国土木工程学会隧道及地下工程分会）

中铁南方投资集团有限公司
深圳市地铁集团有限公司
中国中铁股份有限公司
中铁一局集团有限公司
中铁三局集团有限公司
中铁四局集团有限公司
中铁五局集团有限公司
中铁隧道局集团有限公司
中铁二院工程集团有限责任公司
广州轨道交通建设监理有限公司

广州市轨道交通二、八号线延长线工程

（推荐单位：中国土木工程学会轨道交通分会）

广州地铁集团有限公司
广州地铁设计研究院股份有限公司
广东华隧建设集团股份有限公司
广州轨道交通建设监理有限公司
广东水电二局股份有限公司
中国铁建大桥工程局集团有限公司
中铁一局集团有限公司
中铁隧道局集团有限公司
中铁二局集团有限公司
中铁电气化局集团有限公司

成都地铁二号线工程

（推荐单位：四川省土木建筑学会）

成都轨道交通集团有限公司
中国铁建大桥工程局集团有限公司
西南交通大学
中铁二院工程集团有限责任公司
广州地铁设计研究院股份有限公司
中铁第六勘察设计院集团有限公司

中铁二局集团有限公司
中铁二十局集团有限公司
中铁二十三局集团有限公司
中铁十四局集团有限公司

上海长江路越江通道工程

（推荐单位：上海市土木工程学会）

上海城投公路投资（集团）有限公司
上海黄浦江越江设施投资建设发展有限公司
上海隧道工程有限公司
上海市隧道工程轨道交通设计研究院
中铁二十四局集团有限公司
上海公路桥梁（集团）有限公司
上海市市政工程管理咨询有限公司

珠海横琴新区市政基础设施项目

（推荐单位：广东省土木建筑学会）

中国二十冶集团有限公司
珠海大横琴投资有限公司
珠海市规划设计研究院
中国市政工程西南设计研究总院有限公司
珠海大横琴城市综合管廊运营管理有限公司
上海城建市政工程（集团）有限公司
国基建设集团有限公司
广州市第三市政工程有限公司
广东省基础工程集团有限公司

上海白龙港污水处理厂提标改造除臭工程

（推荐单位：中国土木工程学会总工程师工作委员会）

上海市政工程设计研究总院（集团）有限公司
上海白龙港污水处理有限公司
上海建工二建集团有限公司
江苏新纪元环保科技有限公司

武汉环东湖绿道工程

（推荐单位：湖北省土木建筑学会）

中建三局集团有限公司
武汉地产开发投资集团有限公司
武汉市园林建筑规划设计研究院有限公司
武汉农尚环境股份有限公司
中国一冶集团有限公司

太仓裕沁庭住宅小区工程

（推荐单位：中国土木工程学会住宅工程指导工作委员会）

中亿丰建设集团股份有限公司
积水置业（太仓）有限公司
上海中森建筑与工程设计顾问有限公司
太仓兴城建设监理有限公司

中国土木工程詹天佑奖由中国土木工程学会和北京詹天佑土木工程科学技术发展基金会于1999年联合设立，是经国家批准、住房城乡建设部认定、科技部首批核准，在建设、铁道、交通、水利等土木工程领域组织开展，以表彰奖励科技创新与新技术应用成绩显著的工程项目为宗旨的科技奖项，为促进我国土木工程科学技术的繁荣发展发挥了积极作用。

中国土木工程詹天佑奖简介

1 　为贯彻国家科技创新战略，提高土木工程建设水平，促进先进科技成果应用于工程实践，创造优秀的土木建筑工程，特设立中国土木工程詹天佑奖。本奖项旨在奖励和表彰我国在科技创新和科技应用方面成绩显著的优秀土木工程建设项目。本奖项评选要充分体现"创新性"（获奖工程在规划、勘察、设计、施工及管理等技术方面应有显著的创造性和较高的科技含量）、"先进性"（反映当今我国同类工程中的最高水平）、"权威性"（学会与政府主管部门之间协同推荐与遴选）。

　本奖项是我国土木工程界面向工程项目的最高荣誉奖，由中国土木工程学会和北京詹天佑土木工程科学技术发展基金会颁发，在住房城乡建设部、交通运输部、水利部及中国国家铁路集团有限公司等建设主管部门的支持与指导下进行。

　本奖项每年评选一次，每次评选获奖工程一般不超过 30 项。

2 　本奖项隶属于"詹天佑土木工程科学技术奖"（2001 年 3 月经国家科技奖励工作办公室首批核准，国科准字 001 号文），住房城乡建设部认定为建设系统的主要评比奖励项目之一（建办 38 号文）。

3 　本奖项评选范围包括下列各类工程：

（1）建筑工程（含高层建筑、大跨度公共建筑、工业建筑、住宅小区工程等）；

（2）桥梁工程（含公路、铁路及城市桥梁）；

（3）铁路工程；

（4）隧道及地下工程、岩土工程；

（5）公路工程；

（6）水利、水电工程；

（7）水运、港口及海洋工程；

（8）城市公共交通工程（含轨道交通工程）；

（9）市政工程（含给水排水、燃气热力工程）；

（10）特种工程（含军工工程）。

申报本奖项的单位必须是中国土木工程学会团体会员。申报本奖项的工程需具备下列条件：

（1）必须在规划、勘察、设计、施工以及工程管理等方面有所创新和突破（尤其是自主创新），整体水平达到国内同类工程领先水平；

（2）必须突出体现应用先进的科学技术成果，有较高的科技含量，本行业内具有较大的规模和代表性；

（3）必须贯彻执行"创新、协调、绿色、开放、共享"新发展理念，突出工程质量安全、使用功能以及节能、节水、节地、节材和环境保护等可持续发展理念；

中 国 土 木 工 程 詹 天 佑 奖 二 一

（4）工程质量必须达到优质工程；

（5）必须通过竣工验收。对建筑、市政等实行一次性竣工验收的工程，必须是已经完成竣工验收并经过一年以上使用核验的工程；对铁路、公路、港口、水利等实行"交工验收或初验"与"正式竣工验收"两阶段验收的工程，必须是已经完成"正式竣工验收"的工程。

4   本奖项采取"推荐制"，根据评选工程范围和标准，由建设、交通、水利、铁道等有关部委主管部门、各地方学会、学会分支机构、业内大型央企及受委托的学（协）会提名推荐参选工程；在推荐单位同意推荐的条件下，由参选工程的主要完成单位共同协商填报"参选工程申报书"和有关申报材料；经詹天佑大奖评选委员会进行遴选，提出候选工程；召开詹天佑大奖评选委员会与指导委员会联席会议，确定最终获奖工程。

本奖项评审由"詹天佑大奖评选委员会"组织进行，评选委员会由各专业的土木工程资深专家组成。詹天佑大奖指导委员会负责工程评选的指导和监督，詹天佑大奖指导委员会由住房城乡建设部、交通运输部、水利部、中国国家铁路集团有限公司（原铁道部）等有关部门、业内资深专家以及中国土木工程学会和北京詹天佑土木工程科学技术发展基金会的领导组成。

5   在评奖年度组织召开颁奖大会，对获奖工程的主要参建单位授予詹天佑荣誉奖杯、奖牌和证书，并统一组织在相关媒体上进行获奖工程展示。

科技部颁发奖项证书

获奖代表领奖

第十七届评审大会

科技部、住房城乡建设部、交通运输部、水利部、中国国家铁路集团有限公司、中国科学技术协会等部委领导与获奖代表合影

重庆西站

推荐单位
山西省土木建筑学会

1 工程概况

重庆西站是国家铁路干线"八纵八横"的重要组成部分，是集各种交通方式为一体的西南地区最大的客运综合交通枢纽，设计体现了"两江汇聚潮头涌"的理念，"重庆之眼"的造型成为重庆地标性建筑。

工程包括站房工程、站台雨篷工程及站前平台高架桥工程，总建筑面积201052m²。地下一层，地上二层，总高度38.40m，站场规模15站台31线，站台雨篷81108m²。

　　国内首个采用超长大跨度预应力结构的无站台柱清水混凝土雨篷；首个采用承载型防屈曲约束支撑与大跨度复合桁架组合拱结构体系；采用了大跨空间钢结构全寿命健康监测系统；复杂幕墙身份识别系统；采用了能源管理与节能优化控制技术等29项绿色建造技术；6大智能化系统助力智慧型、智能化高铁站运营。通过技术创新，工程共节约投资3889.48万元；通过推广应用新技术取得经济效益4267.12万元。

　　重庆西站是一座创下多项国内之最、以全新理念设计、创新技术施工的高科技含量、功能设施完备的"标杆"车站，本工程的建成显著提升了重庆作为国家中心城市的辐射能力，有力推进一带一路战略在西南地区的发展。

　　工程于2014年12月1日开工建设，2017年5月28日竣工，总投资28.33亿元。

2 科技创新与新技术应用

1 "无站台柱清水混凝土雨篷"的成功应用，为国内后续的高铁站房的设计、施工开了先河。

2 首创基于屈曲约束支撑建立框架结构抗震二道防线的大跨度不落地拱形结构复合传力体系，通过虚拟仿真分析技术的应用，实现屈曲约束支撑与大跨度组合拱共同作用，形成无柱大跨开阔空间。

3 "超长大跨度双向预应力饰面清水混凝土"、"超大跨度组合拱与超长屈曲约束支撑"、"大面积钢结构屋盖分块吊装整体提升"、"无内天沟超长金属屋面与结构自防水施工成套技术"、"双曲面异形组合幕墙"、"绿色建筑及绿色施工技术"、"BIM技术应用及信息化管理"等方面技术创新及获得的科技成果较为突出，为重庆西站的设计、施工以及安全运营提供了有力的支撑和保障。

4 建设过程中形成的相关科技成果获得专利授权24项，科技进步奖6项，省级优秀设计奖3项，省部级工法14项，工程设计、施工中贯彻"四节一环保"的绿色理念，建设管理规范，工程投资得到有效控制。

重庆西站清水混凝土雨篷俯瞰图

重庆西站双曲面异形组合幕墙

超长大跨度双向预应力饰面清水混凝土

超长大跨度组合拱结构形成进站无柱开阔空间

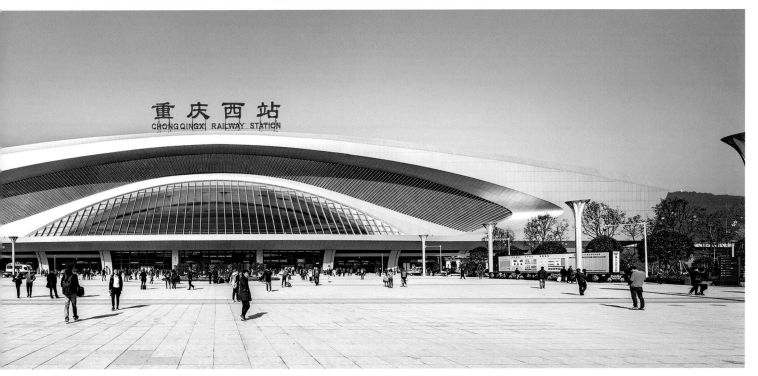

采用智能照明控制系统及温湿度独立调节系统的候车厅

🏆 获奖情况

1 "重庆西站主站房关键技术研究及应用"获得 2018年度重庆市交通科学技术奖奖励委员会重庆市交通科学技术奖一等奖；

2 "重庆西站站房工程绿色建造与信息化施工控制技术"获得 2018年度重庆市科学技术奖三等奖；

3 "施工现场绿色施工综合技术应用与研究"获得 2017年度山西省科技进步奖三等奖；

4 2019年度上海市勘察设计行业协会上海市优秀工程勘察设计公共建筑项目一等奖、建筑结构专项一等奖；

5 2018～2019年度中国建筑业协会中国建设工程鲁班奖；

6 2017年度重庆市建筑业协会巴渝杯优质工程奖；

7 2018年度山西省建筑业协会山西省建设工程汾水杯奖；

8 2017年度山西省土木建筑学会山西省第十三届太行杯土木建筑工程大奖；

9 2018年度中国建筑金属结构协会中国钢结构金奖。

能源智能管理系统—智能空调系统电子式阀门

消防泵房

中国散裂中子源一期工程

推荐单位
广东省土木建筑学会

1 工程概况

　　该工程位于广东省东莞市，是国家"十一五"期间重点建设的十二大科学装置之首。工程总建筑面积69648m²，工程主装置区由深度14～28m、总长680m的地下隧道结构及与之相连的6座地面建筑组成。地下隧道部分由220m直线加速隧道、束流线周长210m的环形加速隧道以及连接靶心的隧道群构成。

　　中子不易获得，此前世界上只有英国、美国、日本拥有3

中国散裂中子源一期工程全景图

台散裂中子源。中国散裂中子源作为我国首台脉冲式散裂中子源，建造技术难度高、风险大、零经验。

国家验收委员会评价，中子源高质量完成全部建设任务，综合性能进入国际先进行列，国内外科技界对装置建设给予高度评价。中国散裂中子源于2019年2月2日圆满完成首轮开放运行任务，运行用户有英国剑桥大学、伦敦大学、华为、香港大学等30余所科研机构，取得了多项重要成果。

作为一台体积庞大的"超级显微镜"，散裂中子源是中国为全人类研究物质微观结构贡献的"国之重器"；作为粤港澳大湾区首个国家重大科技基础设施，它将推动整个湾区国际科技创新中心的发展和产业升级，成为打造国家创新发展的重要引擎。

工程于2012年4月26日开工建设，2017年9月21日竣工，总投资7.25亿元。

2 科技创新与新技术应用

1. 射线装置及靶心结构工后不均匀沉降小于0.2mm。

2. 研制出一种密度达3600kg/m³、结晶水达110kg/m³，由重晶骨料、铁矿砂、硼玻璃粉等9种材料组成的防中子辐射重质混凝土。

3. 无干扰准直桩隔绝周边任何外部荷载影响，各永久控制点空间任一方向年相对位移小于0.3mm。

4. 废束站超大型铁块与全密封混凝土墙体间5～10mm微小均匀热效空间，以及屏蔽铁及束流中心极其精准的空间定位。

5. 隧道平面上486块大小不等的密集预埋板高程累积误差小于3mm。

6. 密封筒及大型基板84枝密布均匀群锚预埋的绝对位置、相对位置、垂直度等均达到毫米级误差要求。

7. 亚洲最大热室各面垂直度、平面度小于2mm/m，近百根预埋管精确定位。

8. 大型屏蔽铁隧道结构248块、总重2750t的屏蔽铁达到了空间各方位毫米级安装精度。

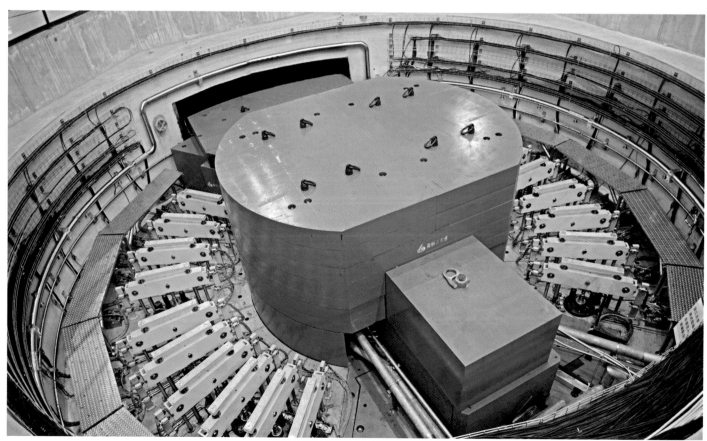

靶站核心装置

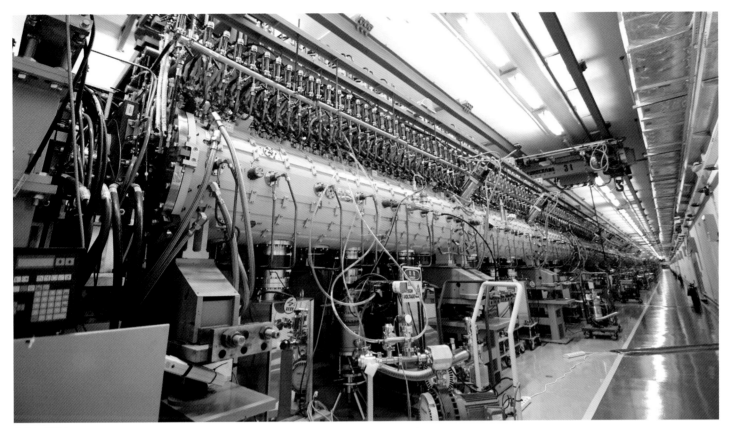

直线加速设备

环形加速设备

靶站热室

直线设备楼外立面

RCS设备楼外立面

RCS设备楼鸟瞰图

🏆 获奖情况

1　2017年度广东省工程勘察设计行业协会广东省科技创新专项一等奖；

2　2019年度广东省工程勘察设计行业协会广东省优秀工程勘察设计奖公共建筑设计一等奖；

3　2018年度广东省建筑业协会广东省建设工程金匠奖、广东省建设工程优质奖；

4　2018年度广东省土木建筑学会第十届广东省土木工程詹天佑故乡杯奖。

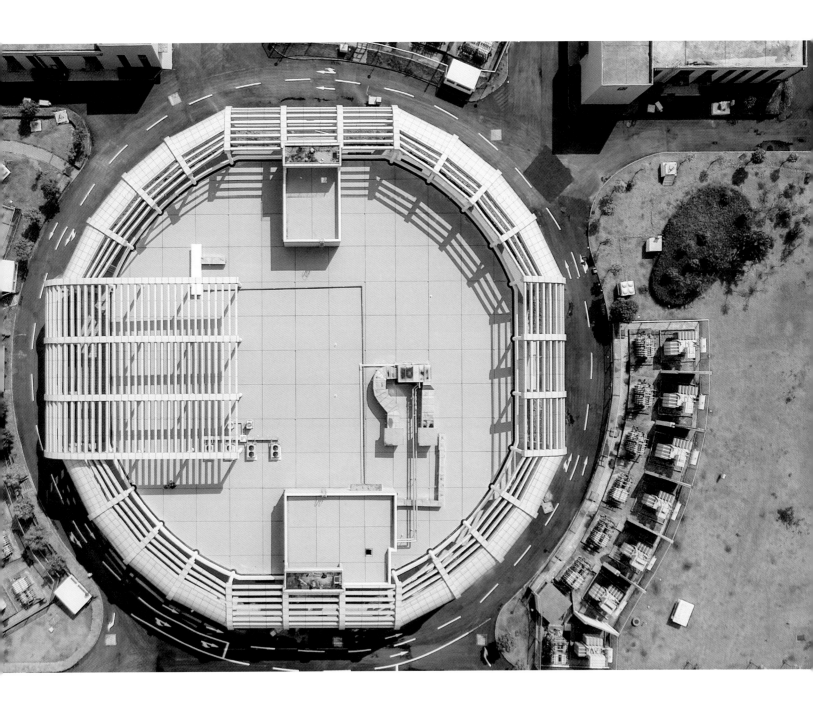

国贸三期B工程

推荐单位、中国土木工程学会总工程师工作委员会

1 工程概况

　　国贸三期B工程位于北京市朝阳区CBD核心区，是一处集办公、酒店与商业于一体的大型综合体项目，占地面积1.9万m²，总建筑面积22.3万m²，主塔楼地上59层，地下4层，高295.6m。本工程与既有的国贸建筑群组成110万m²全球规模最大的贸易中心。

　　主塔楼采用组合框架-核心筒结构体系，设有两道伸臂桁架+一道带状桁架加强层；酒店裙楼采用钢框架结构；商场裙楼采用钢筋混凝土框架结构；整体地下室采用桩筏基础。整

体钢材用量3万t，钢筋用量6.5万t，混凝土用量15万m³。

响应"大众创业、万众创新"的时代需求和北京市开发CBD东扩的总体规划，建筑结构设计更侧重经济舒适要求，引入分时租赁、联合工作众社等年轻元素，平衡了高速发展的CBD东扩区。

国贸建筑群的建造史是中国改革开放40年建筑业发展的缩影，每一期建筑都引领了当代的潮流；2018年获评"改革开放40周年百项经典工程"。

经过三十多年的发展，国贸已成为国际一流水准的现代化商务中心，是展示中国对外开放和国际交流活动的重要窗口。仅2017年"一带一路"国际合作高峰论坛期间，就圆满完成阿根廷、马来西亚、肯尼亚等多国首脑和世界银行等国际组织负责人的接待任务，得到政府相关部门的高度评价。

工程于2012年7月11日开工建设，2017年4月10日竣工，总投资22亿元。

2 科技创新与新技术应用

1 设计创新

（1）环境友好、经济舒适的设计理念。主楼"翠竹"造型有机的融入了国贸建筑群，玻璃幕墙竖向分段呈3°外倾，降低热增益同时显著降低对室内用户的眩光，提高舒适度。

（2）8度设防区复杂超高结构的抗震性能优化设计，在确保结构安全的前提下，每平方米用钢量比类似300m建筑降低20%。

（3）创新应用"冰蓄冷+低温送风+变风量（VAV）"组合式制冷系统，节约30%电力，均衡城市电网峰谷，节能高效。

2 施工创新

（1）建筑布局优化、电梯高位转换和核心筒激光竖向传递自动精密光栅捕捉等技术紧密结合，成功降低了超高建筑"烟囱"效应。

（2）复杂城市环境地下空间开发技术与风险管控，实现整个国贸地块的互联互通和人车分流，并与地铁无缝衔接，极大疏解区域交通压力。

（3）首次创新应用超高结构基础沉降和竖向压缩相结合的变形补偿技术，实现精确建造。

（4）自主研发内筒、外框同芯高精控制技术，并借助三维数字扫描和BIM实时模拟，实现了主楼钢桁架、V形柱等复杂钢构的精准定位和安装。

（5）城市中心区超高建筑施工安全管控综合技术。主楼全方位多层次立体式安全防护体系实现施工过程"零"伤亡。

（6）工程地理位置特殊、环境复杂，通过BIM、物联网、云平台等信息系统的应用，实现施工全过程的智慧建造。

全景

仰视图

夜景

 获奖情况

1　2018年度美国绿色建筑协会LEED金奖认证;

2　2018年度住房城乡建设部绿色施工科技示范工程优秀项目;

3　"大掺量矿物掺合料在大体积混凝土中的作用机理及其工程应用"获得2015年度华夏建设科学技术奖一等奖;

4　"冰蓄冷低温送风变风量空调系统成套施工技术的研究与应用"获得2018年度华夏建设科学技术奖二等奖;

5　2016年度北京市优质工程评审委员会北京市结构长城杯金质奖工程;

6　2017年度中国建筑金属结构协会中国钢结构金奖。

塔冠

1 工程概况

该工程是京津城际延伸线终点站，位于天津市滨海新区，是国内首座建成并已投入运营的最深全地下车站。车站规模3台6线，南北长874m，东西最大宽度60.5m，建筑面积86168m²。

滨海站为全地下站房，最大埋深32m，地下共三层，其中地下一层为售票、候车、进出站等功能厅及办公用房；地下二层为站台层及设备用房，站台长450m，宽11m；地下

三层为高铁与地铁Z1线的换乘空间及地铁轨行区；地上部分为穹顶采光屋面。

　　桩基工程采用钢筋混凝土二次扩孔灌注桩；南部区域采用HPE钢管混凝土柱+型钢混凝土梁+钢筋混凝土薄板结构体系；北部区域采用后装钢管混凝土柱+型钢混凝土梁+大跨度三联拱结构体系；穹顶钢结构由72根正反螺旋矩形管相互编织而成，穹顶ETFE膜结构设计为三层两气枕的形式，中间层按50%～75%的密度分区进行镀点。

　　滨海站站房工程开创了国内大型地下空间综合利用的先河，避免了高铁线路对城市交通的切割，消除了地面高铁噪声污染，增加了地上绿地面积，对地下空间的开发利用具有广泛的借鉴价值。

　　工程于2010年3月1日开工建设，2015年8月30日竣工，总投资16.13亿元。

2 科技创新与新技术应用

1 滨海站属于沿海软土地基条件下国内最深的全地下站房工程。创新应用了T形地连墙、AM扩孔桩、HPE液压钢管柱、钢栈桥以及半顺半逆等综合施工技术，为国内同类工程提供了很好的借鉴。

2 创新采用穹顶钢结构和ETFE膜结构技术，实现了大跨度单层钢网壳结构的微变形控制，解决了膜结构作为大型站房屋面的采光、遮阳、排烟难题。首次建立了大跨度复杂钢结构健康监测系统技术标准，实现了健康监测系统在国内铁路站房应用的重大突破。

全景

3 作为全地下车站,地下空间内防火减灾至关重要,创新性的采用智能疏散指示系统、立体消防排烟系统及高大空间自动寻的消防水炮与冷却喷淋相结合的综合防火减灾技术,确保了地下复杂空间的消防安全。

4 为解决地下高大空间混响、站台层列车噪声及机电设备噪声对车站环境的影响,进行车站声学环境模拟,针对性采取了减振、消声、吸声、隔声等相关措施,填补了大型地下铁路站房声学设计的空白。

5 率先在全地下站房采用一体化全真空排污、快速响应有源滤波装置、新型能源管控系统、智能照明控制系统、穹顶泛光室内景观照明、机电设备节能等绿色节能综合技术,实现了站房绿色节能的运营管理理念。

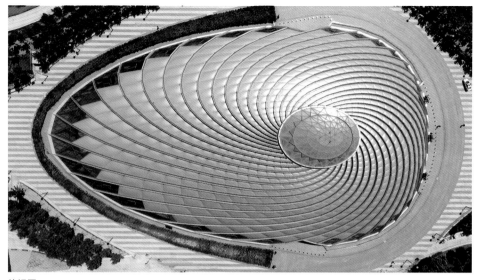

俯视图

进站厅

候车厅

获奖情况

1　"大型地下综合交通枢纽于家堡站建造技术研究"获得2017年度天津市科学技术进步奖二等奖、2018年度中国铁道学会铁道科技奖一等奖；

2　2017年度天津市勘察设计协会"海河杯"天津市优秀勘察设计奖一等奖；

3　2016年度天津市建筑施工行业协会天津市建设工程"金奖海河杯"奖；

4　2014年度天津市建筑施工行业协会天津市建筑工程"结构海河杯"奖；

5　2014年度中国建筑金属结构协会中国钢结构金奖。

夜景

新疆大剧院

推荐单位
新疆维吾尔自治区土木建筑学会

1 工程概况

新疆大剧院是集文化、演艺、旅游、休闲等为一体的大型文化景观建筑，总建筑面积102000m²，地下2层，地上7层，高80m，为国内最高的穹顶类剧院。

工程以"天山雪莲"造型为设计理念，由内外两层穹顶嵌套而成，内、外壳为空间钢桁架结构体系，整个屋盖部分自成弧形桁架空间受力体系，外壳悬臂式桁架布置的人字形

腹杆形成的56个拱券火焰门象征56个民族大团结；穹顶手工绘制的伊斯兰纹样，突出了浓郁的地域风情，是国内最具民族文化特征的建筑。

　　主剧场可容纳2000观众，拥有国内最大的室内表演舞台（4000m²），国内最大舞台深度（66m）、最宽舞台主台口（27m）以及长达86m的亚洲最大的表演视线区。2800余台幻彩夺目的各型电脑灯，使舞台表演区的灯光染色、光墙、光柱、光通量都堪为国际剧院之首。36处大规模多维度立体实景，380m²的伸出式升降舞台和多达50余次的场景变幻，实现全球首创的大型室内实景演出。

　　工程于2013年3月15日开工建设，2015年7月15日竣工，总投资16.8亿元。

2 科技创新与新技术应用

1. 该项目采用建筑与地域文化融合的设计理念，以"天山雪莲"为建筑创作理念，通过抽象与创新，形成伊斯兰风格穹顶建筑，并点缀以伊斯兰特征的拱券、长廊、水池等特色元素，创造出全新的现代伊斯兰文化建筑形象。

2. 屋盖由内外两层穹顶嵌套而成，内、外壳均为空间钢桁架结构体系，南北两侧外壳由26榀主桁架构成，最高点71.4m，水平投影跨度55m；中间内壳面由10榀主桁架组成，最高点57.5m，跨度90m，结构形式新颖合理。

3. 研发复杂多曲面穹顶结构测控技术，针对高空大曲率突变的双曲面剪力墙、异型复杂空间壳体空间定位的难题，创

东侧立面

新了三维空间定位技术，大幅提高了施工的精度。研发了新型塔吊附墙附着格构式支撑架辅助装置、低温环境空间弧形钢桁架独立体系的钢结构施工技术等空间弧形钢桁架钢结构施工关键技术。研发的球壳体悬臂式弧形桁架分段吊装施工技术，实现了31m高弧形桁架无胎架支撑的施工。

4 自主研发融合民族装饰解决大型剧院声学难题的三维曲面GRG施工技术，创造中间具有镂空火焰型网格并在背后粘贴吸声棉的GRG菱形吸声扩散体，将凹弧形墙做成凸弧形墙，并形成GRG空间吸声体天花吊顶，剧院音质达到国际一流标准。

5 此外，还研发了用于幕墙施工的新型吊篮固定装置、梁底垃圾清理钳、用于高层建筑的混凝土余料回收装置、大面积混凝土楼地面平整度控制系统等多项绿色施工技术。

6 主剧场大舞台是目前国内剧院面积最大的室内表演舞台，伸出式舞台、多维度立体实景与1000余套程控装置联动，破解了多种立体转化的难题，实现全球首创的大型室内实景演出。

手工彩绘

主台口演出

夜景

观众厅

穹顶大厅

🏆 获奖情况

1 "新疆大剧院关键施工技术研究及应用"获得2017年度新疆维吾尔自治区科学技术进步奖一等奖；

2 "新疆盐渍地区混凝土结构耐久性劣化机理及关键技术研究"获得2017年度新疆维吾尔自治区科学技术进步奖二等奖；

3 2017年度广东省工程勘设计行业协会广东省优秀工程勘察设计奖工程设计三等奖；

4 2016年度新疆维吾尔自治区住房和城乡建设厅、新疆维吾尔自治区建筑业协会新疆建筑工程天山奖（自治区优质工程）；

5 2014年度中国建筑金属结构协会中国钢结构金奖。

成都博物馆新馆建设工程

推荐单位
中国建筑集团有限公司

1 工程概况

　　该工程位于天府广场西侧，是国内首个进行文物安全防震设计的博物馆。总建筑面积6.5万m²，地下五层、地上九层，建筑高度46.88m；分为南翼、北翼两部分，分别设有行政办公区、学术报告厅等9个功能区；基础为筏板基础，是目前唯一采用混凝土核心筒+钢框架+钢网格为结构体系的博物馆；外立面为铜板+铜网+玻璃幕墙，是世界上最大的盒体铜板幕墙建筑；室内采用轻质隔墙板和干挂石材装配装饰，

成都博物馆东侧全貌

机电系统包括21个系统，37个子系统；整个设计绿色环保，技术先进合理，是一座集装配、智能、绿色的特大型综合博物馆。

该工程设计先进合理。国际上首次提出"地震动+馆舍+展陈+文物"全系统防震设计理论及方法；首次提出文物防震设计概念、方法及安全指标；率先提出基于文物安全的防震结构减震系数确定方法；研发了系列文物防震技术及防震易损性分级、安全评估方法。构建整体隔震的钢筋混凝土核心筒+钢框架+外壳钢网格组合空间结构体系，使建筑造型功能与结构力学安全同步实现。研发了馆舍结构扭转效应控制措施和设计方法，针对复杂空间结构体系，创新性提出性能化设计方法，完美实现建筑物整体隔震设计目标。

工程于2011年7月25日开工建设，2016年3月30日竣工，总投资8.21亿元。

2 科技创新与新技术应用

该工程地处国家地震重点监视防御区，储藏大量珍贵文物、贵重藏品，工程设计造型新颖、绿色环保，具有很强的创新性。

1 全系统防震技术理论创新：提出"地震动+馆舍+展陈+文物"全系统防震设计理论及方法、文物防震设计概念及方法与安全指标、基于文物安全的防震结构减震系数确定方法，研发了系列文物防震技术及防震易损性分级、安全评估方法，丰富了抗震体系。

2 整体隔震（振）的混合结构体系创新：研制了隔震结构抗

成都博物馆夜景

拉及抗扭控制方法；采取设置钢弹簧浮置板和隔震沟双重措施，减少地铁振动对结构和馆藏文物影响；构建整体隔震的钢筋混凝土核心筒+钢框架+外壳钢网格组合空间结构体系，使建筑造型功能与结构力学安全同步实现。

3 整体隔震博物馆建设关键技术创新：发明了新型隔震支座抗拉装置、馆舍结构扭转效应控制措施，系统解决了隔震层抗拉、防震扭转效应控制技术难题；开发了超深隔震沟关键技术措施，深化、优化复杂节点工艺，解决了双层永久护壁墙与结构外墙形成的超深隔震沟有限空间施工难

题；开发了多规格、组合隔震支座标高、轴线、平整度等高精度安装技术，解决超深隔震层安装难题；运用BIM、智能定位等信息技术，实现了大跨度大悬挑结构、镂空超限结构等复杂钢结构体系变形与应力控制。

4 复杂造型铜材幕墙系统施工创新技术：研发出复杂异型结构盒体超薄金铜板幕墙构造设计及安装工艺，保证了不规则折叠铜板、铜网安装及开放式幕墙质量，很好地实现了结构抗震目标。

🏆 获奖情况

1 2017年度中国勘察设计协会全国优秀工程勘察设计行业奖优秀建筑工程设计奖；

2 2017年度中国建筑业协会中国建设工程鲁班奖；

3 2018年度四川省土木建筑学会四川土木工程李冰奖；

4 2016～2017年度四川省建设工程质量安全与监理协会四川省建设工程天府杯金奖（省优质工程）；

5 2017年度中国建筑金属结构协会中国钢结构金奖。

成都博物馆南侧全貌

成都博物馆报告厅

成都博物馆文物抗震装置

成都博物馆抗拉装置

珠海歌剧院

推荐单位
中国建筑集团有限公司

1 工程概况

珠海歌剧院，是粤港澳大湾区珠海城市地标文化建筑，在文化艺术、休闲旅游方面都具有较高影响力。工程总用地面积5.7万m²，总建筑面积5.9万m²，其中大剧场1550座、多功能小剧场550座。建筑外形似"日月贝"双贝造型，是我国第一座建在海岛上的剧院。

海岛环境下单扇贝壳90m高、壳体混凝土结构30m高、

130m大跨度弧形结构幕墙屋面、96000m² 不同单元尺寸的双曲双层幕墙、0.1s级建筑声学混响控制要求、贝壳钢结构建造最大变形控制在3mm内。工程还涉及剧院舞台声学、机械、音响、灯光等特殊专业。

工程于2012年6月开工建设，2017年6月竣工，总投资10.35亿元。

2 科技创新与新技术应用

1. 项目以"珠生于贝，贝生于海"为建筑创作理念，剧院为双贝壳造型，通过艺术与时空的延续，创造了一幅春江潮水连海平，海上明月共潮生的建筑与海洋共融之美。

2. 自主研发了30m高多维曲面变曲率薄壁钢骨混凝土壳体结构施工方法，解决了国内外首例弧形周长70m壳体劲性混凝土结构竖向无施工缝的施工难题，确保了珍珠造型剧院壳体施工精度。

3. 自主研发了环向弯扭构件精确安装的施工方法，研究形成了复杂钢结构安装过程时变结构施工控制及分析方法，解决了90m高贝壳状双曲面大体量弯扭构件

工程俯视图

大剧院

小剧院

工程夜景图

高空精确控制、大型塔吊柔性连接的难题。

4 自主研发了贝壳状双曲双层幕墙安装施工技术，设计出弧形脚手架、研制出三维空间测量和精确下料控制技术，解决了9.6万m²贝壳状双层幕墙的高精度制作、安装难题。

5 自主研发了高适用性的大跨度屋面导轨式垂直运输平台及施工物料装卸方法，解决了130m（弧长）弧形幕墙的材料垂直运输难题。

6 研发了隔振隔声板及隔振隔声建筑结构，研制出新型舞台木地板结构，解决了海岛环境下声学控制难题，实现了人声合一的声学效果。

 获奖情况

1 "珠海歌剧院建造技术研究与应用"获得2018年度华夏建设科学技术奖二等奖；

2 2019年度广东省土木建筑学会广东省土木工程詹天佑故乡杯奖；

3 2014年度中国建筑金属结构协会中国钢结构金奖。

南京紫峰大厦

推荐单位
上海市城乡建设和管理委员会
科学技术委员会办公室

1 工程概况

南京紫峰大厦是南京城区的中心点和城市制高点，建筑总高度450m，为江苏省第一高楼，建成时为世界第七高楼。南京紫峰大厦是集商业、酒店、办公于一体的多功能综合性建筑群，占地18721m²，总建筑面积261075m²，其中地上建筑面积197147m²，地下建筑面积63928m²。工程由一高一低两栋塔楼（主楼、副楼）和商业裙房组成，其中主楼地上89层，高度450m。

南京紫峰大厦创新设计了蟠龙式建筑外观造型，采用独

南京紫峰全景图

特的单元结构三角玻璃幕墙如龙鳞沿建筑盘旋而上,同时通过在建筑设计中融入龙文化、扬子江和花园城市三种富有中国元素的文化意象,体现了世界当代建筑艺术与中国传统文化、南京本土史料文化的结合,实现了建筑文化与艺术价值的增值。工程建设形成了特殊地质条件下超大超深基坑施工技术、高强高性能混凝土配制及供应与超高程泵送技术、核心筒钢平台整体穿越桁架层技术、整体提升钢平台高空拆分技术、复杂多变的结构外立面安全防护体系、塔吊原位内爬转外挂和下撑式附墙技术、套筒式天线提升技术等大量的创新技术,有效解决了复杂结构体系超高层建筑施工的诸多难题,实现了工程工期、经济、环保综合最优,成为具有很强示范和引领作用的超高层建造精品工程。

工程于2005年5月1日开工建设,2010年12月18日竣工,总投资26亿元。

2 科技创新与 新技术应用

1 **独特造型的建筑设计**：建筑设计极具特色，变化丰富的造型融入了中国古老的蟠龙文化，构建了以超大共享空间和空中花园为亮点的垂直城市。独特的折线形玻璃幕墙，巧妙地利用了龙鳞造型实现了自然通风，幕墙板块层层错缝，通过数字化技术，实现了复杂外立面的设计。三角形平面结合圆润流畅的体型，大大降低了风荷载的影响。

2 **复杂体系的结构设计**：造型复杂多变，结构刚度变化大，竖向以三道伸臂桁架加环带桁架，将核心筒与外框结合成整体，形成高效、经济的整体抗侧力体系。

3 **核心区超深基坑高效施工及地铁保护技术**：基坑最大挖深30m，最近处距离地铁隧道仅5m，通过优化支撑布置，结合支撑后拆、抽条开挖等措施，确保了地铁安全，并为主楼优先施工创造了条件。

4 **复杂结构体系模架装备创新技术**：通过创新设计，首次实现了钢平台整体穿越桁架层，避免了钢平台遇桁架层高空多次拆分的风险。模块化设计的整体钢平台体系在核心筒5次变化过程中实现快速收分，提高了整体钢平台对复杂结构的适应性。

整体提升钢平台施工

5　巨型塔吊在复杂核心筒结构中的附着方式转换和高空移位技术：创新采用塔吊原位内爬转外挂和高空移位技术，解决了剪力墙收分所带来的塔吊布置难题；首创下撑式附墙技术解决了由于塔身长度限制而造成的钢平台和塔吊爬升工况矛盾的问题；建立了复杂核心筒与塔吊共同受力的分析方法，并形成了薄弱剪力墙结构的临时加固技术。

6　套筒式天线提升技术：创新采用分段吊装与套筒式提升相结合的方式，解决了巨型天线高空安装难题。

7　高强高性能混凝土制备与超高程泵送技术：通过对C70的配比和泵送性能进行试验研究，形成成套工艺，创造了江苏地区高程泵送C70混凝土的纪录。

8　复杂多变的结构外立面安全防护体系：创新研发了适用于复杂外立面的超高层施工多层次立体动态安全防护体系，解决了城市核心区立面多变的超高层结构施工操作与安全防护难题。

9　大型综合体提前营业技术：形成了以提前营业可行性分析、消防疏散仿真分析等为核心的提前营业技术，实现了商业区域提前交付使用。

获奖情况

1　"南京紫峰大厦超高层建筑施工关键技术研究"获得2012年度江苏省建设厅科技进步一等奖；

2　"复杂结构体系超高层建筑安全施工关键技术"、"超高层结构巨型钢桁架施工技术与竖向变形协调"分别获得2010年度、2009年度上海市科技进步奖三等奖；

3　"南京紫峰大厦超高层建筑施工关键技术研究"获得2013年度江苏省科学技术奖三等奖；

4　2008年度上海市金属结构行业协会金钢奖特等奖。

晚霞中的南京紫峰大厦

紫峰大厦立面图

科威特中央银行新总部大楼项目

推荐单位
中国建筑集团有限公司

科威特中央银行新总部大楼北立面

1 工程概况

科威特中央银行新总部大楼项目位于科威特城，与科威特王宫咫尺之遥，整体建筑造型以帆船为概念设计，寓意科威特国民经济一帆风顺。

项目占地面积25872m²，总建筑面积163464m²，塔楼为钢结构与混凝土混合结构，总建筑高度238.5m。项目包含地下3层、裙楼6层、塔楼47层，功能涵盖金库区、停车场（部分兼用人防）、银行业务区、博物馆、舞厅、报告厅及办

全景

公区等。工程结构为钢-混凝土组合结构，基础为桩和筏板组合结构。

　　采用大面积筏板基础，裙楼为钢筋混凝土结构，主体为不规则钢筋混凝土核心筒与外侧钢框架组合而成的混合体系超高层结构。塔楼标准层平面呈三角形，建筑面积逐层递减，两直角边为钢筋混凝土剪力墙，斜边采用逐渐内收的斜向交叉巨型钢管混凝土圆柱，并斜交形成网格状，楼面为钢结构与混凝土复合楼板。科威特中央新总部大楼现已成为科威特国家标志性建筑之一，其建筑图案已被印在科威特国家货币上。

　　工程于2018年4月17日开工建设，2016年2月15日竣工，总投资27.67亿元。

2 科技创新与 新技术应用

1 采用干燥酷热地区混凝土系列施工技术。利用大体积混凝土筏板基础施工技术、高温地区自密实高强混凝土施工技术、地下室防水混凝土施工技术，优化施工方案，确保高温环境下的混凝土质量。

2 采用干燥酷热地区巨型钢结构系列安装施工技术。通过钢管混凝土交叉斜柱施工及其与楼面钢梁连接技术和高空巨型悬挑钢桁架无支撑安装施工技术，并对钢结构吊装进行动态模拟，解决了高温地区超大超重型钢结构吊装安全性和施工精确性。

3 采用金库墙、楼板和底板满布螺旋钢筋的混凝土施工技术。通过在金库结构中

塔楼南立面

加入螺旋钢筋构造，在施工缝、洞口节点、混凝土浇筑等进行特殊处理。实现了金库安防等级满足欧标最高等级要求。

4 采用开放式外墙干挂石材设计与施工技术。利用仿真模拟实验确定开放式干挂石材面板缝隙宽度，既避免雨水流到石材背面又满足石材自身变形要求。同时具备节能降耗、延长保温层寿命等作用。

5 采用背栓式半透明石材幕墙设计与施工技术。采用复合面板形式，在石材背部粘贴高透明玻璃。在保证透光率的前提下，解决半透明石材脆性难题。通过有限元分析解决背部锚栓布置难题。

6 采用呼吸式玻璃幕墙技术，具备美化建筑外观和节能降耗效果。通过使用缟玛瑙玉石石材组成的百叶，并由智能系统根据天气情况控制开合角度。在呼吸时玻璃幕墙上下两端分别设有出气口和进气口，根据室内温度和室外光照由智能系统控制开合，真正实现玻璃幕墙的自主式呼吸功能。

🏆 获奖情况

1 2016年度中东地区MEED建筑项目最高质量奖；

2 2016年度美国混凝土协会杰出项目奖；

3 2015年度中东地区大项目卓越奖。

VIP入口休息区

主入口大厅

夜景

泰州长江公路大桥

推荐单位

江苏省土木建筑学会

1 工程概况

泰州长江大桥位于江苏省长江中段,北接泰州市,南连镇江市和常州市,全桥长62.088km,跨越长江与夹江。桥面宽33.0m,设双向六车道。

主桥为三塔两跨吊连续钢箱梁悬索桥,主跨跨径2×1080m。钢箱梁宽39.1m,梁高3.5m。主缆跨径为390m+2×1080m+390m,主跨垂跨比1/9,采用91ϕ5.2mm

泰州大桥正面夜景

预制平行钢丝索股，每根主缆169股。吊索纵向间距16m，采用平行钢丝索股。边塔采用钢筋混凝土门式框架桥塔，塔高171.7m，采用钻孔灌注桩基础。中塔采用钢结构，横桥向为门式框架结构，纵桥向呈人字形，塔高191.5m，采用沉井基础。锚碇为沉井基础重力式锚碇。

泰州长江大桥是首座大跨度三塔两跨吊悬索桥体系，通过中塔采用刚度适中的人字形钢桥塔等措施，解决了中塔塔顶主缆与鞍座的抗滑移问题又兼顾了结构刚度；中塔基础采用浮式沉井基础，确保了工程质量，简化了施工，节约了材料。

工程于2007年12月开工建设，2012年11月竣工，工程投资约93.86亿元。

2 科技创新与 新技术应用

1 创造性地提出千米级多塔连跨悬索桥设计新理念，创建了由连续主缆、连续主梁+弹性索、人字形钢中塔等构成的多塔连跨悬索桥新体系。

2 建立了三塔悬索桥中间塔的设计方法和参数体系，提出了"纵向人字形、横向门式"的中间钢塔柱结构。

泰州大桥正面航拍图一

泰州大桥正面航拍图二

泰州大桥钢箱梁合拢

③ 创建了中间塔主缆与鞍座抗滑安全性设计评价方法，获得多塔悬索桥的结构行为特性，率先提出了千米级多塔连跨悬索桥适宜结构体系。

④ 首次研发了"沉井钢锚墩+锚系"导向定位与着床技术、多端面大节段匹配制作安装控制技术，研制了国内首台主缆S形钢丝缠丝机，填补了国内空白。

⑤ 该工程质量优良，在科技创新和新技术应用方面成绩显著，填补了我国悬索桥架设多方面的空白，研发系列设备、工法与专利，在国内外多项工程中得到成功应用，提高了我国桥梁建设的水平和竞争力，促进和推动了世界桥梁技术的发展和进步，具有广阔的产业化应用前景。

泰州大桥纵向人字型钢塔

泰州大桥正面照

泰州大桥侧向航拍图

1　2013年度英国结构工程师学会英国卓越结构工程大奖；

2　2014年度国际桥协及结构工程学会杰出结构工程大奖；

3　2014年度国际咨询工程师联合会菲迪克（FIDIC）工程项目优秀奖；

4　"多塔连跨千米级悬索桥中间塔设计施工关键技术及工程示范"获得2013年度湖北省科技进步奖一等奖；

5　"多塔连跨悬索桥中间塔施工关键技术及其应用研究"、"大型基础降水及其诱发地层沉降控制技术与应用"分别获得2012年度、2011年度江苏省科学技术奖二等奖；

6　"多塔连跨悬索桥结构及工程示范"、"长大桥梁深水超大型沉井基础施工成套关键技术研究"分别获得2013年度、2010年度中国公路学会科学技术奖特等奖；

7　"三塔悬索桥中间塔设计关键技术"、"三塔悬索桥上部结构施工关键技术研究"获得2012年度中国公路学会科学技术奖一等奖；

8　"悬索桥主缆除湿系统自主研发关键技术研究"获得2013年度中国公路学会科学技术奖一等奖；

9　"长江近河口段大型桥梁局部冲刷研究"、"大跨度预应力混凝土箱梁长期变形与裂缝控制技术研究"分别获得2012年度、2011年度中国公路学会科学技术奖二等奖；

10　2014年度中国公路勘察设计协会公路交通优秀设计一等奖；

11　2014年度江苏省住房和城乡建设厅江苏省优质工程奖"扬子杯"；

12　2014年度江苏省交通运输厅江苏省交通建设优质工程。

泰州大桥夜景

南京长江第四大桥

推荐单位
中国交通建设股份有限公司

1 工程概况

南京长江第四大桥是沪蓉国道主干线的过江通道和重要组成部分。全长28.996km，其中主桥长5.448km，南接线长10.481km，北接线长13.087km，设双向六车道。

主桥为三跨弹性支承体系钢箱梁悬索桥，跨径布置为576.2m+1418m+481.8m，主梁为三跨连续钢箱梁，全宽38.8m，梁高3.5m。主缆跨径为主跨垂跨比1/9，采用

127φ5.35mm预制平行钢丝索股，每根主缆135股，北边跨增加6股，南边跨增加8股。吊索纵向间距15.6m，采用平行钢丝索股。桥塔采用混凝土门式框架结构，塔高227.2m，采用钻孔灌注桩基础。锚碇为重力式锚碇，北锚采用沉井基础，南锚采用"∞"形井筒式地连墙支护明挖深基础。

南京长江第四大桥过渡墩处设置主缆限位装置约束其竖向位移；采用分布传力式主缆锚固系统，引入钢筋混凝土榫剪力键将巨大的缆力分步传递到锚碇混凝土中，有效减小了锚固系统各组件的应力集中；南锚碇基础采用了"∞"形井筒式地下连续墙，降低了工程造价。

工程于2008年12月开工建设，2012年11月竣工，工程投资约73.68亿元。

2 科技创新与新技术应用

1 超大"∞"形地下连续墙深基础设计及施工成套技术。通过深入研究，在超大"∞"形地连墙深基础设计、地连墙施工技术、深基础开挖施工技术、地连墙深基础信息化施工技术和地连墙深基础施工风险预案措施上取得了较多成果。

2 悬索桥主缆新型分布传力锚固系统设计施工技术。首次提出并实践了以钢筋混凝土榫传剪器群作为主要传力元件，将主缆拉力渐次分布到锚碇混凝土的悬索桥主缆分布传力

桥面

锚固系统。首次提出了锚固板平面预拼与空间叠层定位技术，解决了密集传剪器群的施工技术难题。

3 大跨度三跨连续弹性支承悬索桥上部结构关键技术。对弹性支承的刚度选择问题、边跨的地形适应问题、加劲梁在中塔处设有较长的无索区、体系转换与成桥线形及内力一致问题、梁段吊装顺序问题等进行了合理研究，选择支承刚度，设置弹性支承，确保结构具有最优的静动力特性。

4 超大规模沉井关键技术：沉井井壁外表面采用凹凸齿坎、半排水下沉施工工艺、砂套+空气幕组合式助沉技术等。

5 该工程在整个施工过程中，建设各方严格执行国家工程建设强制性标准、标准规范和法律法规，坚持科技创新，促进科研成果转化，施工技术先进，实现了工程质量零遗憾、安全生产零事故的管理目标，进一步推动了我国悬索桥的建造水平，取得了显著的社会效益和经济效益。

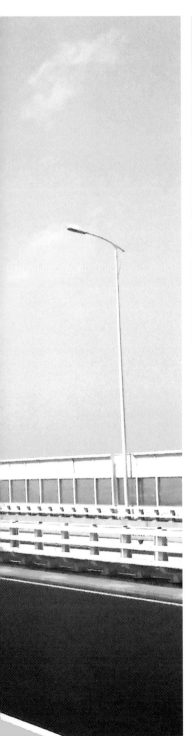

全景

夜景

🏆 获奖情况

1. "超大'∞'字形地连墙深基础设计及施工成套技术"、"悬索桥主缆分布传力锚固系统设计施工关键技术研究"、"大跨度三跨连续弹性支承悬索桥上部结构关键技术研究"、"复合浇筑式沥青混凝土钢桥面铺装（PGA+AC）设计施工成套技术研究"、"特大型桥梁防灾减灾与安全控制技术"分别获得2010年度、2012年度、2014年度、2015年度、2016年度中国公路学会科学技术奖特等奖；

2. "沉井降排水下沉施工期江堤沉陷量控制技术研究"及"超大规模沉井关键技术研究"获得2010年度中国公路学会科学技术奖一等奖；

3. "体内-体外混合配束节段预制拼装箱梁桥关键技术研究"、"悬臂施工波形钢腹板组合桥梁关键技术研究与应用"、"公路及特大型桥梁安全生产管理与实践研究"分别获得2012年度、2013年度、2013年度中国公路学会科学技术奖二等奖；

4. 2014年度中国公路勘察设计协会公路交通优秀勘察一等奖、公路交通优秀设计一等奖；

5. 2018～2019年度中国建筑业协会中国建设工程鲁班奖；

6. 2014年度江苏省住房和城乡建设厅江苏省优质工程奖"扬子杯"；

7. 2016～2017年度中国公路建设行业协会"李春奖"（交通运输部公路交通优质工程奖）。

地连墙施工

南锚碇施工

钢箱梁吊装

云
桂
铁
路
南
盘
江
特
大
桥

推荐单位

中国铁道建筑集团有限公司

1 工程概况

云桂铁路南盘江特大桥是国家铁路网中"八纵八横"的快速客运通道之一——云桂铁路的核心控制性和标志性工程。桥梁全长852.430m，桥高270m，主跨采用416m上承式钢筋混凝土拱桥，为目前世界跨度最大的客货共线铁路混凝土拱桥，大桥两岸山势陡峭，两岸坡度近50°，岩石风

化、断层发育，地形地貌复杂，山体滑坡、泥石流经常发生；桥面凌空高出江面270m，最高桥墩102m，建造难度位居世界同类桥梁前列。

云桂铁路南盘江特大桥首创了单箱三室等高变宽变板厚拱圈、桥面新型导风栏杆结构，采用基于斜拉扣索调载下的

劲性骨架外包混凝土技术+拱圈外包混凝土边箱顶板与上腹板一体浇筑技术，实现了钢管拱外包混凝土高效、高质施工，填补了混凝土拱桥建设技术空白。

工程于2010年5月开工建设，2016年12月竣工，工程投资4.75亿元。

2 科技创新与新技术应用

1 首创大跨度、多节段劲性骨架吊装扣锚系统施工及索力控制技术，将扣索模拟成索单元参与整体结构的分析实现劲性骨架所有扣锚索一次张拉到位，避免合龙前索力调整的安全风险。

2 首创斜拉扣索调载下劲性骨架外包混凝土技术。该技术将本应由劲性骨架拱全部承担的外包混凝土荷载一部分转移到由劲性骨架拱和外包混凝土拱共同承担，以控制和降低管内混凝土最大应力。

云桂铁路南盘江特大桥下游侧立面图

3　针对性发明了分块式组合拱座基础，首次采用液氮降温+拱座设预应力+拱座设钢板断缝+拱圈顶底板设横向预应力组合技术。

4　首次在建设中采用真空辅助从拱脚一次连续对称压注C80混凝土技术，减少了管内混凝土内部含气量、内部裂缝、空洞等缺陷。

5　首次采用了"连续刚构+T构"的交界跨组合结构设计，集施工工艺于大成解决了400m以上主跨的大跨度上承式拱

桥高墩多，施工风险大等诸多问题，提高了经济性能。

6　该工程整个建造过程中精心设计、精细管理、精心施工，特别是研发劲性骨架钢管拱分模块分场地加工组装+斜拉扣索调载拱圈外包混凝土技术，直接节约工期15个月，实现高山峡谷狭窄地段桥梁建造的工期、质量、环境、投资、安全、创新和谐统一，进一步推动了我国大跨度上承式拱桥在高铁中的应用。

动车组列车通过大桥

大桥与自然景观融为一体

 获奖情况

1 "大跨上承式劲性骨架混凝土铁路拱
   桥施工关键技术研究"获得2017年度
   天津市科学技术进步奖二等奖;

2 "大跨上承式劲性骨架混凝土铁路拱
   桥施工关键技术研究"获得2018年
   度中国铁道学会科学技术奖一等奖。

天堑变通途

新建拉萨至日喀则铁路

推荐单位
中国铁道工程建设协会

1 工程概况

新建拉萨至日喀则铁路正线全长252.527km，全线路基土石方1840万m³，桥梁45657m/116座，隧道72404m/29座，新建车站13座，正线铺轨253.596km。

拉日铁路地处青藏高原腹地，大角度穿越那曲—羊八井—多庆措地热活动带，是我国穿越地热区段最长、区间地

拉日铁路横跨雅鲁藏布江，将雪域高原"天路"延伸

热温度最高的铁路，溯雅鲁藏布江而上，三跨雅鲁藏布江，
两跨拉萨河，高海拔桥隧占比高，工程建设难度罕见。

工程于2013年9月开工建设，2016年8月竣工，总投资
45.5亿元。

2 科技创新与新技术应用

1. 形成高山峡谷高地热区铁路勘察、选线技术。揭示了峡谷高地热区地温场分布规律，探明区域构造对地热的控制作用和热泉水化热循环过程；提出"正交地热带、高位傍山、临江降温"选线原则，首创高地热峡谷区"空间控制法"选线技术。

2. 构建高地温隧道设计和建造技术

   （1）揭示雅江峡谷区地热形成机理、分布特征和地热灾害特性；创立的高地温隧道地温分级和热害评判标准为《铁路工程不良地质勘察规程》（TB10027-2012/J1407-2012）修订提供了依据。

   （2）揭示高地温隧道围岩温度场变化特性，探明高地温对隧道支护体系及防水材料性能影响规律，首创高地温隧道结构分级支护体系。

   （3）揭示高地温隧道施工通风过程中洞内温度场分布规律，提出施工环境影响因素和施工通风技术条件；提出高地温隧道施工热害防治处理分级标准、技术措施，形成高地温隧道安全施工技术。

   （4）揭示高地温对衬砌混凝土力学性能和耐久性的影响规律及其微观机理，研发了适用于高地温隧道二次衬砌混凝土配合比及养护技术。

拉日铁路再跨雅鲁藏布江

（5）应用聚能水压光面爆破和通风供氧、洞内低压补偿供电、托架式工具轨法等技术，实现青藏高原特长铁路隧道快速施工。

（6）首创"三进二出"分段式机械通风技术，有效解决高原地热内燃牵引特长隧道运营通风问题。

3 新颖的桥梁设计和建造技术

（1）年楚河特大桥设计将V形连续刚构和钢管混凝土拱桥两种体系有机结合，使二者受力优点充分发挥，既保证行车安全舒适，又满足景观造型要求。

（2）运用减隔震及延性设计理念成功解决高地震烈度区大跨度桥梁抗震问题。

4 创新风沙路基防护技术

（1）建立路基风沙灾害"永临结合"工程防护体系，解决了路基风沙灾害问题。

（2）采用新型高立式沙障（研发应用可降解麻纤维网）和适应高海拔、大风速的施工新方法，解决了常规施工可能导致沙障倒塌、沙固效果差且不经济的问题。

5 精致的绿色建造技术

（1）环保设计：选线阶段统筹规划，线路设计巧妙布局，尽量节约沿线土地资源，有效降低对地表植被的伤害和影响；采取绿化、土地整治和植被恢复等措施将拉日铁路建设成了环保铁路。

（2）绿色施工：始终贯彻"工程施工与环境保护并举"理念，确定"强化环保教育"、"严控污染源"、"治理风沙路基"和"恢复绿色植被"施工环保"四步走"方针，用生态文明呵护碧水蓝天。

施工中的年楚河特大桥钢管拱

1 "青藏高原高温地热区铁路修建关键技术"获得2015年度西藏自治区科学技术奖二等奖;

2 "高原高地热隧道热害防治安全施工技术研究"获得2015年度山西省科技进步奖二等奖;

3 "青藏高原高地温隧道建设成套技术及应用"获得2015年度中国铁道学会铁道科技奖一等奖;

4 2017年度陕西省住房和城乡建设厅陕西省第十八次优秀工程设计一等奖;

5 2015～2016年度国家铁路局铁路优秀工程勘察一等奖、优秀工程设计二等奖;

6 2017年度中国勘察设计协会全国优秀工程勘察设计行业奖优秀工程勘察二等奖;

7 2016～2017年度中国施工企业管理协会国家优质工程奖。

生态铁路留住了青山绿水

盆因拉隧道——悬崖峭壁上的万米单线特长隧道

郑州至徐州铁路客运专线

推荐单位
中国铁道工程建设协会

1 工程概况

　　郑州至徐州铁路客运专线是我国中长期铁路网规划"八纵八横"高速铁路网中陆桥通道的重要组成部分。线路横贯河南、安徽、江苏三省，正线全长361.937km，含郑州、徐州枢纽和商丘地区配套工程；枢纽、地区联络线12条72.1km、动车走行线3条17.4km，共设9个车站。全线正线

郑州枢纽郑州东站北端疏解区

桥梁22座337.65km。全线正线桥梁占比高达93.5%，铁路
等级为高速铁路，正线设计速度350km/h。

工程于2012年12月开工建设，2016年9月竣工，总投资
507.936亿元。

2 科技创新与新技术应用

1. 近远结合、统筹兼顾，系统研究枢纽建设方案。在郑州枢纽，创新性地提出并采用"米"字形枢纽站布局，郑州东站为全国唯一一座高铁"米"字形枢纽站，有效解决了南—东、东—南、北—西、西—北方向的跨线车作业需求，避免了折角车流。

2. 高速铁路盐渍土工程特性及处理技术创新成果达到国际领先水平。

3. 创新发展了以沉降和承载力协调作用原理构成的深厚层松软土地区"中承式"桩板结构和长短桩组合的桩筏结构，取得了显著经济效益。

中国标准动车组在郑徐高铁上时速420km高速交会试验

4 开展高速铁路区域地面沉降演变机理、防控技术及工程应用研究，首次提出了确保高铁安全运营动态预警、控制的"警戒等级及其相应警戒值"。

5 首次在牵引所亭采用辅助监控系统，提高了牵引所亭智能化程度，有效提升了运营管理的可靠性和效率。

6 首次采用不同调度台整合关键接口设备、同一调度台分设TSRS实现徐州枢纽临时限速管理，为TSRS系统设备功能优化、行业规程规范修订完善提供实际运营案例的技术支撑。

7 创新提出郑州东站RBC设计方案，解决了复杂枢纽RBC设置难题，作为设计案例可供后续高铁设计参考。

8 首次在运营高铁上插铺国内最长最大型号的42号高速道岔。

9 首条全线铺设具有我国完全自主知识产权的CRTS Ⅲ型板式无砟轨道，首次将BIM技术应用在CRTS Ⅲ型板式无砟轨道施工中，综合技术水平达到国内领先。

10 承担了中国标准动车组试验任务，两车交会相对时速达840km以上，为世界首创。

芒砀山特大桥

徐州段线路

路基及边坡防护

开封北站

郑徐高铁CRTS Ⅲ 型板式无砟轨道

CRTS Ⅲ型板铺设

获奖情况

1 "高速铁路Ⅲ型板式无砟轨道建造一体化创新技术与应用"获得2017年度湖北省科技进步奖一等奖;

2 "列控系统过渡方案研究"获得2016年度中国铁道学会科学技术奖二等奖;

3 2016年度中华人民共和国水利部国家水土保护生态文明工程荣誉称号;

4 2018年度河北省建筑业协会河北省建设工程"安济杯"奖(省优质工程);

5 2017年度山东省住房和城乡建设厅山东省建筑质量泰山杯工程;

6 2018~2019年度中国施工企业管理协会国家优质工程奖。

接触网弹性吊索安装作业

云桂铁路

推荐单位
中国铁道工程建设协会

1 工程概况

云桂铁路西起云南昆明，东至广西南宁，正线全长707km，桥隧比76%。设计时速250km/h，是八纵八横高速铁路网重要组成。项目具有"地形起伏大、活动断裂多、膨胀土及可溶岩分布广、重力灾害多发，生态环境敏感"等特征，为典型的艰险山区高速铁路。

云桂铁路之绿色走廊

路基重点工程有危岩落石、岩溶路基、高陡边坡及百色地区强膨胀土等。桥梁重点工程主要有主跨416m、客货共线铁路混凝土拱桥南盘江大桥，主跨（92+168+92）m、单线铁路连续梁桥新邕宁邕江大桥，最大墩高110m的南丘河特大桥，墩高 61m 的白腊寨1号四线大桥，以及其他高墩、大跨、深水基础连续梁桥及艰险山区高架车站桥等。10km以上隧道12座，其中I级风险隧道10座，221km隧道位于岩溶发育地区。

工程于2009年12月开工建设，南宁至百色段2015年12月竣工，百色至昆明南段2016年12月竣工，总投资963.01亿元。

2 科技创新与新技术应用

1. 创新了艰险山区综合勘察与减灾设计技术：引入高分辨率遥感解译、三维激光扫描等新技术，研发了精密星历长基线解算等新方法，提出了"快速识别风险、综合选线规避重大风险、工程措施防范一般风险、监测预警潜在风险"新理念，开展了减灾选线及工程设计。

2. 创建了以膨胀土路基胀缩变形控制为核心的艰险山区高速铁路路基建造技术：提出了群桩抗隆起计算理论，完善了高速铁路膨胀土路基变形控制分析方法及基床加固、地基处理、支挡防护、防排水技术体系。成果已纳入相关规范。

3. 创建了艰险山区高速铁路高墩大跨桥梁建造技术：研发了超大跨度铁路上承式混凝土拱桥建造成套技术，建成主跨416m、世界最大跨度客货共线铁路混凝土拱桥之南盘江特大桥，导风栏杆体系专利进入铁路重大科技创新成果库。

4. 构建了以"隧道岩溶及岩溶水综合整治、危岩落石综合治理、挤压大变形控制、环保设计"为核心的艰险山区隧道修建全套技术：建成含10座I级风险隧道在内的众多复杂长大隧道。

5. 形成了艰险山区车站综合选址、系统集成关键技术：建成了位于高烈度地震区、西南地区最大规模的昆明南高速客站。

6. 创新开展特殊桥梁无砟轨道及无缝线路设计研究：建立了特殊桥梁无砟轨道不平顺评价体系，形成了特殊桥梁无缝线路设计关键技术。

云桂铁路气势宏伟的膨胀土路基

云桂铁路白腊寨四线工程

云桂铁路全国最长单洞双线隧道之石林隧道

云桂铁路云遮雾绕的南盘江特大桥

1 "高速铁路精密工程测量成套技术"获得2013年度四川省科学技术进步奖一等奖；

2 "大跨上承式劲性骨架混凝土铁路拱桥施工关键技术研究"获得2018年度天津市科学技术进步奖二等奖；

3 "高速铁路路基工程地基沉降控制技术研究"、"大跨上承式劲性骨架混凝土铁路拱桥建造关键技术研究"分别获得2015年度、2018年度中国铁道学会铁道科技奖一等奖；

4 "大跨桥梁轨道结构变形控制与应用"获得2014年度中国铁道学会铁道科技奖二等奖；

5 "长大隧道强致灾性隐伏溶洞安全快速施工成套技术"获得2017年度中国岩石力学与工程学会科学技术奖二等奖；

6 2017～2018年度国家铁路局优秀工程勘察一等奖；

7 2017年度四川省住房和城乡建设厅四川省优秀工程勘察设计二等奖、云南省住房和城乡建设厅云南省优秀工程勘察二等奖；

8 2013年度四川省住房和城乡建设厅工程勘察设计"四优"二等奖；

9 2018～2019年度中国施工企业管理协会国家优质工程奖。

南昌市红谷隧道工程

推荐单位
中国土木工程学会隧道及地下工程分会

1 工程概况

南昌市红谷隧道工程位于南昌大桥与八一大桥之间（距南昌大桥1.4km，距八一大桥2.3km），是一条连接红谷滩新城区与东岸老城区的双向六车道过江通道，为世界上最大水位差变化水域建成的沉管法隧道，也是国内内陆首座、江河沉管长度最长的沉管法隧道。

南昌市红谷隧道

隧道主线全长2650m，设计车速50km/h；9条匝道总长2510m；过江段采用沉管法隧道，采用水下最终接头，长1329m，共12节管节，横断面宽30m，高8.3m，标准节长115m，为双孔中间一管廊矩形钢筋混凝土结构形式；岸上段为明挖顺筑法，水陆接线段采用筑岛围堰后明挖顺筑法。红谷隧道为双向六车道公路主干道，设计时速主线50km、匝道30km；全隧采用横向疏散、常闭式防火门隔离，交通通行能力为9000pcu/h。

工程于2014年2月开工建设，2017年6月竣工，总投资42.3亿元。

2 科技创新与新技术应用

隧址河道水位年落差超10m、日近2m，流速与流向差异大、变化快，流场复杂；受场地限制，设异地干坞制管；2.8万t沉管沿双S形70m宽航道浮运8.65km，穿越日车流超20万辆的3座大桥（最小余宽＜10m）。工程建成突破了内河径流河道无法修建沉管隧道的瓶颈，形成了综合修建技术体系，推广价值极大。

1 创新了后建城市过江通道的生态设计方法

干坞考虑了水上乐园规划的永临设计，提升了工程价值。隧道纵坡呈W形，节省投资1.2亿；水下双燕型立交与设备间、消防泵房、疏散大厅等综合设计，创新了水下空间开发，避免了房屋拆迁与沿岸生态破坏。

2 创建了内河整体式管节沉管隧道设计理论与方法

综合理论研究与大型物模实验，创建了整体式沉管隧道管节接头刚度计算理论；创新了沉管隧道灌砂垫层最终沉降非线性计算理论；提出了双子坞交替、连续预制12节管节方法。

3 创建了内河大流速、复杂流场条件下的沉管隧道施工技术体系

自主研发了内河沉管施工船机与装备，如改装拖轮、沉放船、灌砂船、顶推架、调节盖等；发明了"绞拉"与"绑拖"相结合的沉管浮运方法，实现了浮运流速限值从每秒0.6m提升至1.2m，顺江偏差小于2m的精准浮运，首创了横江浮运、穿小净跨桥梁、定点旋转、漂浮系泊等姿态稳控方法；构建了管节快速、精准沉放与主动纠偏对接技术，贯通轴线偏差19mm。

4 构建了沉管隧道智能监控、水下检测等安全质量保障体系

研发了可视化水下BIM监控系统，拖轮与沉管定位，每秒反馈，精度2cm内；采用冲击映像法、全波场相结合的检测法，创建了沉管隧道灌砂垫层无损检测方法与填充效果评价体系。

隧道东岸北侧4匝道出入口鸟瞰

隧道主线洞门

隧道西岸主线及两匹道鸟瞰

国内首座水下疏散大厅

隧道内景

隧道东岸南侧3匝道出入口鸟瞰

 获奖情况

1 "内河沉管隧道建设关键技术研究与应用"获得2018年度天津市科学技术进步奖一等奖;

2 "大流速高位差过江沉管隧道关键技术及应用"获得2017年度河北省科学技术进步奖二等奖;

3 2017年度江西省住房和城乡建设厅江西省优秀设计奖;

4 2018~2019年度中国建筑业协会中国建设工程鲁班奖;

5 2017年度河北省建筑业协会河北省建设工程安济杯奖(省优质工程);

6 2018年度江西省住房和城乡建设厅江西省优质建设工程杜鹃花奖(省优质工程)。

双子干坞沉管管段流水预制与浮运

沉管管段浮运

扬州市瘦西湖隧道工程

推荐单位

中国铁道建筑集团有限公司

1　工程概况

　　扬州市瘦西湖隧道工程下穿扬州古城区和国家5A级瘦西湖景区，是缓解古城扬州交通压力，联系东西城区的向重要通道。隧道上下层通道总长5589m，其中盾构隧道1275m（管片外径14.5m），采用直径14.93m泥水盾构施工。

　　工程于2011年11月开工建设，2014年9月竣工，总投资17.27亿元。

工程与5A级景区完美整合，隧道纵穿景区

2 科技创新与新技术应用

1. 首创双层盾构隧道侧向排烟技术，阐明了双层盾构隧道火灾侧向排烟机理，提出了双层隧道横向排烟的最优技术参数；开发了集成排烟、疏散技术的双层盾构隧道防灾救援体系。

2. 首次针对全硬塑膨胀性黏土的溶崩破碎和重组规律特性，提出了超大直径泥水盾构刀盘分时冲刷、仓底高压顺冲及环流系统适应性再造技术，构建了超大直径盾构隧道掘进及维保地面安全保障技术体系。

3. 提出了单管双层内部结构半装配式同步快速施工技术，首次研创了大曲率曲线段超大直径盾构精准接收技术。

4. 首次开发废弃泥浆再利用同步砂浆技术，采用泥浆循环利用等多项施工技术，实现在瘦西湖景区的绿色施工和环境保护。

俯瞰隧道西侧出入口

主线上层隧道线型顺畅，美观顺直

主线隧道下层道路平顺，功能齐全

隧道截面变化平缓，平顺美观

隧道上层入口

成型隧道滴水不漏

超大直径泥水平衡盾构机

超大直径盾构极限小曲线半径精准接收

获奖情况

1　2017年度国际咨询工程师联合会菲迪克（FIDIC）优秀工程项目奖；

2　"全硬塑膨胀性黏土层超大直径泥水盾构单管双层隧道施工关键技术"获得2016年度中国公路学会科学技术奖二等奖；

3　"全断面硬塑膨胀性黏土层超大直径泥水盾构隧道施工关键技术"获得2016年度中国岩石力学与工程学会科技进步奖二等奖；

4　2017年度中国勘察设计协会全国优秀工程勘察设计行业奖优秀市政公用工程 道路桥隧一等奖；

5　2015年度江苏省住房和城乡建设厅江苏省城乡建设系统优秀勘察设计一等奖、2016年度江苏省第十七届优秀工程设计一等奖；

6　2016~2017年度中国建筑业协会中国建设工程鲁班奖；

7　2015年度江苏省住房和城乡建设厅江苏省优质工程奖"扬子杯"。

杭州市紫之隧道（紫金港路~之江路）工程

推荐单位
中国土木工程学会隧道及地下工程分会

1 工程概况

　　杭州市紫之隧道工程南起之浦路，下穿西湖群山，北至紫金港路，线路全长14.4km，由3座特长隧道群、2座桥涵、1处管理用房及附属设施等组成，南北端各设置一对地下匝道与主隧道形成地下立交。隧道下穿786m城市主干道，位于Ⅵ级围岩，地质为软、流塑状淤泥质土，开挖跨度13m，最小埋

深6m，覆跨比仅0.46；地下立交段跨度25.5m、高17m，位于Ⅳ级围岩，匝道与主洞最小开挖净距0.75m。主体规模为双向六车道，设计时速80km/h。

工程于2013年9月开工建设，2016年8月竣工，总投资45.5亿元。

2 科技创新与新技术应用

1. 提出了基于综合环境评价的城市风景区隧道选线技术，建立了隧道建设、运营对地下水系、名木古树、龙井茶影响的综合环保评价指标体系，解决了环保选线无法定量评估的难题；

2. 创新性提出了城市景区地下立交的设计理念，采用"多级分流、慢进快出"交通组织方法，与路网合理衔接，保护了西湖风景区自然风貌；

3. 创新了淤泥质土浅埋暗挖和超大断面城市地下立交综合修建技术。研发了充分调用土层自有承载力的双向增强体加固变形控制技术，解决了流塑状地层加固困难、掌子面涌土等技术难题；研发了隧道导洞先行台阶反向扩挖施工工法和超小厚度中夹岩加固技术，克服了大跨隧道台阶法掌子面易塌方、双侧壁导坑法临时支护多及工效慢等问题；

4. 研发了"压顶"爆破和半毫秒雷管错峰降振组合控制爆破技术，实现了对法华寺、东岳庙等紧邻古建筑有效保护；

5. 研发了城市特长隧道群通风及照明节能技术。通过风流组织优化，有效提高了自然风和交通风利用效率；研发了无线单灯智能照明控制技术，减少建设成本240万元；每年节电230万kW·h。

紫之隧道洞口假山景观装饰

紫之隧道主洞匝道全景

杭州市紫之隧道洞内全景图

获奖情况

1 "道路工程中复合地基关键技术及其应用"获得2017年度浙江省科学技术进步奖一等奖；

2 "长隧道照明设置方法与节能控制技术"获得2017年度陕西省科学技术奖二等奖；

3 "城市复杂环境下特长隧道群修建关键技术"获得2017年度中国岩石力学与工程学会科技进步奖二等奖；

4 2018年度浙江省住房和城乡建设厅、浙江省勘察设计行业协会浙江省建设工程钱江杯奖（优秀勘察设计）一等奖、2017年度浙江省建设工程钱江杯奖（优秀勘察设计）综合工程一等奖、2016年度浙江省建设工程钱江杯奖（优秀勘察设计）专项工程一等奖；

5 2016~2017年度中国建筑业协会中国建设工程鲁班奖；

6 2017年度浙江省住房和城乡建设厅、浙江省建筑业行业协会、浙江省工程建设质量管理协会浙江省建设工程钱江杯奖（优质工程）。

杭州市紫之隧道紫金港路出入口全景图

雅安至泸沽高速公路

推荐单位
四川省土木建筑学会

1 工程概况

四川省雅安至泸沽高速公路是国家"十一五"重点公路建设项目、我国目前最大的亚行贷款公路建设项目，也是国家高速公路网"7918"中的第4条首都放射线北京—昆明公路中的四川境内重要路段。项目起于成雅高速公路终点，止于泸黄高速公路起点，全长239.844km。采用四车道高速公路，设计速度80km/h。

创造四项第一的"干海子特大桥"

　　项目由四川盆地边缘向横断山区高地爬升，穿越大西南地质灾害频发的深山峡谷，地形险峻、地质结构极其复杂、生态环境极其脆弱，被公认是已建成国内外自然环境最恶劣、工程难度最大、科技含量最高的山区高速公路之一，被称作"云端上的高速公路"。

　　雅泸高速公路的通车，使成都到西昌行车时间由9h缩减为5h，彻底改变了横断山交通不便的历史，带动了我国主要彝族聚居区的脱贫致富，促进了民族融合，具有重要的社会经济意义。

　　工程于2007年8月开工建设，2012年4月竣工，总投资163.66亿元。

2 科技创新与新技术应用

1️⃣ 针对雅泸高速公路连续51.2km升坡克服1518m高差，首创了双螺旋隧道展线技术，绕避了栗子坪国家级自然保护区，为山区高速公路越岭展线提供了新方法。

2️⃣ 构建了超长连续下坡路段驾驶负荷度的关系模型，提出了影响山区高速公路超长连续纵坡路段行车安全的基本理论，为超长连续路段安全行车提供了保障。

3️⃣ 建立了基于地质构造损伤分区的成套隧道勘察技术，首创了隧道有效利用自然风的节能模式及通风井优选方法，创新了隧道超深埋（1648m）岩爆段及高压富水断层破碎段施工处治技术，解决了复杂艰险山区特长深埋公路隧道建造与运营关键技术难题。

4️⃣ 发明了复杂山区小半径、S形曲线钢管桁架拖拉架设方法，研发出高空钢管桁架过孔体系转换、导梁高空拆除技术与装备，创造了四项世界第一。

5️⃣ 首次将钢管混凝土叠合柱结构、高抛免振C80高强混凝土技术，应用于同类型结构世界第一高墩（墩高182.64m）。

6️⃣ 提出了基于空气质量、工期和能耗的多指标体系隧道施工通风系统设计方法，解决了高落差小半径螺旋型曲线隧道通风难题。

腊八斤特大桥一角

俯视干海子特大桥一角

干海子特大桥侧面

腊八斤特大桥10号主墩墩高（182.64m）

山、水、桥融为一体的自然风光

大相岭泥巴山特长隧道

俯视观音岩特大桥

1　"钢管混凝土格构墩曲线桁架梁桥综合施工技术研究"、"高烈度大高差梯级山区高速公路建设支撑技术"、"桥梁高性能混凝土制备与应用技术研究"分别获得2015年度、2014年度、2010年度四川省科学技术进步奖一等奖;

2　"大相岭泥巴山深埋特长隧道关键技术研究"获得2013年度四川省科学技术进步奖二等奖;

3　"曲线钢管混凝土桁架组合连续梁桥关键技术研究及应用"获得2013年度天津市科学技术进步奖一等奖;

4　"大相岭泥巴山深埋特长隧道关键技术研究"、"高速公路螺旋形曲线隧道营运安全控制技术研究"分别获得2013年度、2012年度中国公路学会科学技术奖一等奖;

5　"小半径螺旋形曲线隧道施工通风技术研究"、"山区高速公路超长连续纵坡行车安全关键技术"、"基于风险控制的桥梁高墩钢管混凝土叠合柱施工技术研究"分别获得2017年度、2014年度、2013年度中国公路学会科学技术奖二等奖;

6　2013年度湖南省住房和城乡建设厅湖南省优秀工程勘察一等奖;

7　2016年度湖南省勘察设计协会湖南省优秀工程设计一等奖;

8　2012年度四川省住房和城乡建设厅四川省建设工程天府杯金奖。

雅安至泸沽高速沿途美景

徐州至明光高速公路安徽段

推荐单位 中国公路学会

1 工程概况

徐州至明光高速公路安徽段北接淮徐高速，南连宁洛高速，跨越泗许高速、宿淮铁路和淮河，是京津冀通往长三角最便捷的公路通道，是安徽高速公路中唯一的亚行贷款项目。项目全长139.06km，为双向四车道高速公路，设计车速120km/h，路基宽度27m。桥梁共58座，长12.4km，其中特大桥、大桥9座，互通立交7处。

五彩斑斓的景色

项目纵贯皖北平原，沿线人口密集，路网水网密布，控制点多；96%为基本农田，用地紧张；地处郯庐地震带高烈度区，厚覆盖层饱和粉土分布广泛，是安徽省平原区建设条件最复杂的高速公路。

秉持"安全、耐久、绿色、集约"的理念，项目以"最大限度节约资源，最小限度影响环境"为目标，成功打造平原区高速公路绿色建造新模式，被亚行评为"最佳表现项目"。

工程于2011年4月开工建设，2018年12月竣工，总投资62.15亿元。

2 科技创新与 新技术应用

1 创新了高烈度区粉土抗液化路基设计施工理论，发明了土工织物散体桩处理路基的设计、施工技术，解决了高烈度区厚覆盖饱和粉土道路抗液化设计技术难题，提高了工程安全性和耐久性。

2 构建了粉土低路堤综合技术体系，包括低路堤和低高度梁板桥设计技术，创新平原区高速公路降低路堤高度要求，平均高度降低0.35m，降低工程造价20%左右。

3 开创了公路工业化建造新模式，研发并规模化示范应用装配式通道、桥梁预制管桩基础、装配式桥梁等新型结构，提高了工程品质，降低了对环境的影响。

徐州至明光高速公路安徽段淮河特大桥

生态保护避让沱湖

开创平原区公路工业化建造先河

中国结

🏆 获奖情况

1 "平原区高速公路集约建造成套创新技术与应用"获得2017年度安徽省科学技术奖二等奖；

2 "超薄层钢桥面铺装材料及技术研究"、"装配式钢筋混凝土通道成套技术及应用"分别获得2016年度、2017年度安徽省科学技术奖三等奖；

3 "淮北地区粉性土路基设计施工技术研究"、"低高度密肋式预应力混凝土简支梁T梁上部构造成套技术研究"分别获得2012年度、2013年度安徽省科学技术奖三等奖；

4 "同向回转拉索柱式塔斜拉桥关键技术研究"、"软弱地基土工合成材料约束桩处理技术及工程应用"分别获得2015年度、2018年度中国公路学会科学技术奖一等奖；

5 "装配式钢筋混凝土通道成套技术及应用"获得2017年度中国公路学会科学技术奖二等奖；

6 2016年度中国公路勘察设计协会公路交通优秀勘察一等奖、公路交通优秀设计一等奖；

7 2016年度安徽公路建设行业协会安徽交通优质工程奖。

汇聚

通途

四川大渡河大岗山水电站

推荐单位
中国大坝工程学会

1 工程概况

大岗山水电站位于四川省石棉县，是大渡河干流规划的第14个梯级电站，是国家西部大开发重点工程、四川电网骨干电源。

枢纽工程由双曲拱坝、泄水建筑物和引水发电系统等组成，是一座以发电为主的大（1）型水电工程。正常蓄水位1130m，总库容7.42亿m^3，调节库容1.17亿m^3，电站装机容量2600MW（4×650MW），年均发电量114.3亿kWh。

混凝土双曲拱坝最大坝高210m，坝顶弧长610m，左右

岸拱端平均嵌深分别为66m和44m，属特高坝，存在高边坡、高水头坝基防渗和高水头泄洪消能技术难题。考虑抵御近场断层活动性影响，大坝地震设防动参数——基岩水平向加速度达0.56g。

泄水建筑物包括4个坝身泄水深孔和一条右岸泄洪洞，坝身深孔泄洪流量5560～5670m³/s（设计～校核），泄洪洞泄洪流量2760～3670m³/s。

引水发电系统有电站进水口、压力管道、地下厂房、主变室、尾水调压室和尾水隧洞等，岸塔式进水口，前沿总宽度130.5m，塔体高度50m，4台机组单机单管引水，直径9.6m。主厂房尺寸（长×宽×高）201.9m×27.3m×72.4m。

主要工程量：土石方明挖820万m³，洞挖260万m³，混凝土量458万m³，钢筋制安9.25万t、金属结构1.14万t，灌浆工程量65万m，安装4台套水轮发电机组及其附属设备。

工程于2005年9月开工建设，2017年6月竣工，总投资221.21亿元。

2 科技创新与新技术应用

1. 提出特高拱坝抗震设计理论、方法和工程抗震措施，解决了高地震烈度区安全建设特高拱坝的技术难题，开创了近场地震断裂区建设高坝大型枢纽水电工程的先例。

2. 采取"分散泄洪、分区消能、适当防护"的设计理念，优化泄水建筑物布置和消能方式，取消坝身表孔，增强大坝抗震能力，解决了高水头大流量窄河谷消能防冲难题。

3. 针对强震区复杂地质条件坝肩高陡边坡及潜在不稳定岩体，创新提出了坝肩及坝基综合加固处理技术，解决了两岸山体稳定、坝肩抗滑稳定、承载力及变形控制难题。

4. 研究提出水泥-化学材料复合灌浆方案及施工新技术，发明了双路密度失水回浓监测仪器，

大坝坝前全貌

保障了坝基灌浆施工质量，解决了坝基抗渗及腐蚀性温泉处理难题。

5 基于GNSS-INS集成的大型缆机智能防撞预警关键技术，自主开发了大型缆机全天候自动测控运行系统，保证了4台30t平移式、无塔架缆机施工期安全高效运行。

6 自主研发国内最大（4×4.8m³）的自落式预冷型混凝土拌和系统，小时生产能力达400m³，确保在计划的38个月内完成322万m³的大坝混凝土浇筑，优化了设备配置。

7 工程建设落实节能、节地、节水、节材和环境保护对策措施，节省混凝土20万m³、钢筋2000t，减少用地181亩，增殖放流珍稀鱼苗累计达104万尾。

8 监测分析表明，工程运行性态正常，大坝渗流量极小。截至2019年6月底，累计发电300亿kWh，缴纳税额16.27亿元，经济社会环境效益显著，实现了设计目标。

泄洪洞泄洪

大坝泄洪

大坝抗震阻尼器

地下厂房

国内最大混凝土拌和系统

电站进水口

GIS室

开关站全貌

 获奖情况

1　"300m级特高拱坝安全控制关键技术及工程应用"获得2018年度国家科学技术进步奖二等奖、2017年度中国水力发电工程学会水力发电科学技术奖一等奖、2017年度中国电机工程学会中国电力科学技术进步奖一等奖；

2　"高混凝土坝静动力破坏机理与安全评价"获得2012年度教育部科学技术进步奖一等奖；

3　"超强震区特高拱坝建设关键技术及大岗山工程应用"获得2017年度中国水力发电工程学会水力发电科学技术奖一等奖；

4　"岩质高陡边坡稳定性快速反馈分析与控制关键技术"、"水电工程高陡边坡稳定性微震监测预警与数值仿真研究"分别获得2018年度、2014年度中国岩石力学与工程学会科学技术奖一等奖；

5　2017年度四川省住房和城乡建设厅四川省优秀工程勘察设计一等奖；

6　2016年度中国电力规划设计协会水电行业优秀工程勘测奖一等奖、水电行业优秀工程设计奖一等奖；

7　2018～2019年度中国施工企业管理协会国家优质工程金质奖。

中控室

黄骅港三期工程

推荐单位
中国水运建设行业协会

1 工程概况

黄骅港三期工程位于河北省沧州市黄骅港神华煤炭港区，是国内首座大规模采用筒仓储煤的专业化煤炭码头港口工程，设计年装船量5000万吨。主要新建一座四线四翻的翻车机房，24座单个储煤3万吨的钢筋混凝土筒仓，4个5万吨级专业化煤炭装船泊位，以及配套的大型装卸设备系统。

煤炭转运通过皮带输送系统经由翻车机卸车、筒仓储运、码头装船三大系统完成，工程规模宏大：翻车机基坑直径96m，国内最大，卸车兼顾C80、C70A、C64、KM98等4种车型，可同时翻卸四节车厢；筒仓单个直径40m，高43m，节地环保高效，较常规露天堆场占地仅为1：2～1：3；码头为突堤式布置并采用双侧靠船系统，配备4套回转式装船机系

统，可实现8个泊位的装船；设备性能先进，工业自动化程度高，取料装船能力达8000t/h，较常规露天堆场提高约20％。

工程于2011年4月20日开工建设，2017年1月23日竣工，总投资44.5亿元。

2 科技创新与新技术应用

1 国内首座大规模采用筒仓储煤的专业化煤炭港口工程，设备性能先进，工业自动化程度高，装卸效率国内第一，达到国际领先水平。

2 国内首次采用筒仓储煤工艺，节地环保高效。筒仓实现粉尘和煤污水的"零"排放，完美解决环保问题。

3 研发众多煤炭港口工艺设备专利技术，填补该领域技术空白。发明专利十四项：一种用于检测筒仓内可燃气体浓度的设备、一种倒仓系统及方法、料位平衡控制方法和系统等。实用新型专利四十二项：用于大型煤炭物流基地的筒仓群存储及中转煤炭方法、一种兼顾自卸式底开门车卸车的翻车机系统、一种应用港口的智能化供配电网络监控管理系统等。

4 国内最大卸车能力翻车机系统，国内首次采用翻车机工艺和底开门自卸车工艺统一布置方式，提高了设备的适应性，降低了运营成本。

5 国内首座双侧靠船煤炭专业化码头，一座码头双侧靠船，布置4套回转式装船机，实现了常规的2座码头、8套装船系统方可达到的效果。

三期码头双侧靠船

6 筒仓基桩大规模采用灌注桩后压浆工艺，灌注桩端部及桩侧三环后压浆工艺，较普通灌注桩承载力提高了约68%，降低桩基投资20%。

7 攻克了多项重大技术课题：双侧靠船桩基施工技术、后压浆灌注桩大面积应用、大直径筒仓稳定滑升技术、深基坑降水开挖稳定监测技术、大体积混凝土温控技术、高跨钢结构安装技术、8000t/h专业煤炭输送皮带应用、翻堆及取装设备系统的联调技术。

三期筒仓侧视

三期翻车机房

三期码头夜景

皮带机系统与筒仓远视效果

🏆 获奖情况

1　2017年度中国水运建设行业协会水运交通优秀设计奖一等奖、水运交通优质工程奖；

2　2018～2019年度中国建筑业协会中国建设工程鲁班奖；

3　2018～2019年度中国施工企业管理协会国家优质工程奖。

青岛港前湾港区迪拜环球码头工程

推荐单位

中国交通建设股份有限公司

1 工程概况

工程位于青岛港前湾港区南岸，批复的工程规模为4个集装箱泊位。一期工程2个泊位已竣工验收，建设规模为建设10万吨级和3万吨级集装箱泊位各1个及相应配套设施。码头岸线长度660m，设计年通过能力130万TEU。

本工程码头前沿顶高程5.8m，码头前沿设计底高程-20.0m。码头配备7台岸边集装箱装卸桥，堆场区共布置19条自动化箱

全景

区和1条特种箱区。码头采用重力式沉箱结构，可靠泊最大船型的集装箱船。堆场轨道基础采用PHC管桩+钢筋混凝土轨道梁结构，满足了高速重载系统对地基的严苛要求。

截至2019年3月，工程已稳定运行24个月，累计作业外贸船舶1352个艘次，集装箱吞吐量195.3万标准箱。设备可靠率达到99.5%，船舶准班率达到100%。自运营以来，自动化集装箱码头的平均单机效率已达35.2TEU/h，超越人工码头效率。在2018年12月31日"桑托斯"轮作业中，创出了43.2TEU/h的单机最高效率的世界纪录。

工程于2008年7月开工建设，2018年3月竣工，工程决算36.18亿元。

2 科技创新与新技术应用

1 采用世界领先的集装箱自动化装卸工艺，码头装卸船作业采用世界首创无人化双小车岸边装卸桥，水平运输采用的自带起升功能自动化引导车，堆场内集装箱运输采用全自动集装箱龙门起重机。

2 通过仿真模拟优化总平面布置，工程采用多目标优化算法，进行总体布局优化仿真，以仿真结果优化总体设计。堆场布置国内首创采用垂直码头布置形式，进出闸口采用分开布置的设计方案，场区内形成单向车流。

3 前瞻性的码头结构设计，码头沉箱底高程−20.0m，结合船型发展和岩面情况进行设计，2010年完工的码头主体结构满足了当时以及后来集装箱船发展的要求，在升级过程中，仅对码头上部结构进行局部调整，即可满足目前世界上最大的集装箱船靠泊的要求。

4 智能化的自动控制系统，工程采用了多设备无缝衔接的全自动集装箱码头作业系统，根据船箱和集卡信息自动生成作业计划，调派各种自动化设备。作业系统各布局的连接通过计算机管理系统和设备控制系统的数据交互，完成装卸设备和集装箱运输的自动化管理。

5 创新设计的高速重载轨道系统，轨道基础采用PHC管桩+钢筋混凝土轨道梁结构，保证使用期无沉降，满足了高速重载系统对地基的严苛要求，保证了设备在270m/min高速下安全可靠运行。

6 智能一体化的设计理念，工程自主研发并应用了多项科技创新技术，包括一键锚定、机器人解锁、AGV充电、闸口自动控制等。

7 本工程是当前世界最先进的集装箱自动化码头，赢得了国内外同行和社会各界的广泛关注和高度评价，多次被中央电视台报道，获得国内外大奖10多项，申请发明和实用新型专利30余项，已成为青岛市乃至中国港口的标杆工程。

自动化堆场全景

码头前沿装卸作业

码头前沿夜景

海侧交互区

自动化集装箱闸口

获奖情况

1 "青岛港全自动化集装箱码头关键技术研究及应用"获得2018年度中国港口协会科技进步奖特等奖;

2 "集装箱固定旋锁自动装卸设备"获得2018年中国港口协会技术发明奖一等奖;

3 "青岛港智能集装箱码头信息物理系统工程"获得2017年中国港口协会科技进步奖一等奖;

4 "集装箱码头自动导引车（AGV）分布式浅充浅放循环充电技术及系统"、"自动化集装箱码头高速ARMG精准定位系统研究与应用"、"自动化集装箱码头生产业务管理系统的研发与应用"获得2017年中国航海学会科学技术奖一等奖;

5 2018年度中国水运建设行业协会水运交通优秀设计奖一等奖。

自动化堆场施工

深圳市城市轨道交通十一号线

推荐单位
中国土木工程学会隧道及地下工程分会

1 工程概况

深圳市城市轨道交通11号线是国内一次建成最长、运营速度最快的城市轨道交通线路。工程起自深圳福田交通枢纽，经福田、南山、宝安三个行政区，形成高铁、城区、机场无缝衔接的轨道交通快线，线路全长51.936km，其中地下线长39.349km，高架线长11.136km，过渡段长1.451km，设车站18座，新建车辆段和停车场各1座。线路最高运营速度

120km/h，首次采用6辆普通车+2辆机场专用车的八辆编组方案。工程开通运营后，缩短市中心到机场时间至30min，对加速特区一体化、增进大湾区多地合作具有重要意义。

工程于2012年4月19日开工建设，2016年6月28日开通运营，总投资334亿元。

2 科技创新与新技术应用

1 首次建立了轨道交通120km/h快线成套技术标准体系。创新性提出6+2混合编组列车、长站台、大区间、适应120km/h运营时速的7m直径大断面盾构隧道设计；首次引入高铁CPⅢ控制测量网和精调技术、桁架双块式轨枕、橡胶弹簧浮置板道床技术、道床吸声板和钢轨吸振器等综合减振降噪技术。

2 研发了滨海地铁地下结构高耐久性关键技术。首次开展了拉应力与氯盐侵蚀、硫酸盐侵蚀、碳化等共同作用下混凝土腐蚀劣化的破坏形态及规律研究，形成了滨海地铁严重腐蚀环境下的混凝土配合比设计、施工及养护技术标准。

3 研发了复杂地质与环境条件下盾构机设计制造及施工关键技术。应用了综合探测、深孔爆破预处理、土仓减容增压、重叠隧道支撑保护等技术，保证了复杂地层盾构顺利推进；开展了盾构机的适应性设计，完成了15台自主知识产权盾构机整机研制及掘进，创造了月成洞600m的新纪录。

4 攻克了填海区邻近既有运营地铁线路深大基坑变形控制难题。综合运用淤泥锁定加固、ECR渗漏检测、支撑自动补偿、矮支架盖挖逆作法等技术，解决了填海复杂软弱富水地层中长大基坑稳定和运营线变形控制难题。

5 创造性提出"地铁域空间"建设理念。通过上盖物业、地下空间综合开发同步规划、同步设计、同步建设，提高了城市土地集约化利用。

高架区间工程全景图

1 "复杂地质条件下土压平衡盾构综合施工技术"获得2016年度广东省科学技术奖二等奖；

2 "紧邻次高压燃气管线地铁基坑及隧道微振控制爆破技术研究"获得2016年度山西省科技进步奖三等奖；

3 "复杂地质条件下的地铁施工技术及工艺"获得2014年度深圳市科技进步奖（重大工程类）一等奖；

4 2018年度四川省住房和城乡建设厅四川省优秀工程勘察设计一等奖；

5 2017年度中国勘察设计协会全国优秀工程勘察设计行业奖优秀建筑环境与能源应用一等奖、优秀市政公用工程轨道交通二等奖；

6 2018～2019年度中国建筑业协会中国建设工程鲁班奖；

7 2017年度广东省建筑业协会广东省建设工程金匠奖、广东省建设工程优质奖；

8 2019年度广东省土木建筑学会第十一届广东省土木工程詹天佑故乡杯奖。

南山站全景图

大断面隧道区间工程全景图

前海湾站全景图

推荐单位

中国土木工程学会轨道交通分会

广州市轨道交通二、八号线延长线工程

1 工程概况

"广州市轨道交通二、八号线延长线工程"由二号线南延、北延及八号线西延段组成，从既有的二号线工程晓江区间拆解并回归线网规划，打通了南北向旧城中心与广州火车站、广州高铁南站、白云机场枢纽联接的快速通道，是首例将运营的大运量线路拆解为两条线的拆解工程。

本工程新建全地下线路26.77km，车站20座（换乘站5

嘉禾车辆段全景

座），段场各1处，主变2座，改造控制中心1座。二、八号线系统技术标准在兼容保持二号线首期工程基础上进行了提升，是真正实现互联互通的线路。

三座车站为国内首次采用同站台平行换乘的型式，1座明暗挖分离岛式站；线路多次穿越珠江和岩溶区，区间因地制宜分别采用盾构、矿山和明挖法；2号线设一段一场，嘉禾车辆段为二、三号线共用，首例实现一段两线两车型（A和B）的车辆段；八号线利用赤沙车辆段。

工程于2007年4月9日开工建设，2010年9月25日拆解段通车试运营，2013年12月26日全线竣工，总投资133.48亿元。

2 科技创新与新技术应用

1. 国内外地铁史上首例大运量运营地铁线路的拆解和新线连接，在极短时间内完成线路的拆解并实现高水平开通，形成了一整套运营线路轨道、供电、信号等关键设备拆解的关键技术，填补了国内大客流运营线路基本不停运拆解的空白。

2. 针对本工程位于岩溶、断裂、多次过江等复杂地质条件，国内率先建立了综合勘察、风险评估、设计施工、运营维护整套技术体系，编制了岩溶区勘察、设计与施工成套技术标准，确保了工程安全顺利实施，方便了后期运营维护，为富水岩溶地区修建地铁提供了科学依据和工程实例。

3. 国内首创基于敏感环境和复合地层条件下的盾构施工理论和技术体系、盾构密闭平衡始发到达、泥水盾构防泥饼、盾构隧道底地层加固、盾构隧道内截桩、软弱地层小间距盾构隧道保护等技术，为复合地层盾构应用提供了很好的借鉴，丰富和促进了盾构施工技术的发展。

4. 创新发明了城市轨道交通的火灾联动控制系统及方法，解决了轨道交通多系统的联合协调动作的关键技术问题，成为地铁综合自动化的建设标杆，被后续广州和全国地铁工程广泛采用。

5. 三座车站采用不同线路间平面平行和上下叠线的同站台换乘设计；与大型综合交通枢纽协同共建，实现地铁、高铁、常规公交等多种方式的零距离衔接换乘；开创了国内城市轨道交通零换乘设计先例。

6. 本工程创新发明了盾构机始发到达套筒接收装置，成功解决了富水砂性地层或软弱地层盾构机始发到达的加固难题，避免了不良地层中盾构进出洞的事故发生，被广泛应用于全国地铁盾构隧道施工中。

7. 整合、集约线网资源，国内首次真正实现两条线路运营的互联互通和采用一段两线两车型（6A、6B型）的车辆段；国内首次采用半封闭冷却技术、水蓄冷、集中供冷等综合节能技术，节能效果显著。

原二号线拆解节点

密闭钢套筒

广州市轨道交通二、八号线线路图

图例：
- 原二号线（三元里～赤洲）16.25km
- 二号线（广州新客站～嘉禾）31.70km
- 八号线（万胜围～黄金围）35.39 km
- 车辆段
- ○ 一般车站
- ◎ 换乘站

说明：
原二号线首期工程赤洲～三元里段（16.25里）已建成通车。
二号线由南部广州新客站～江南西段（13.94km）、已有赤洲～三元里段（8.10Km）以及北部三元里～嘉禾段（9.52Km）组成。
八号线由正在施工的万胜围～赤洲段（1.83Km）、已有赤洲～晓港段9.68Km）、北部近期晓港～凤凰新村段（3.46Km）以及远期凤凰新村～黄金围段（17.89Km）和万胜围～新洲（2.61Km）组成。

二号线全线线路车站及实施情况一览表

线路	长度（km）	车站	实施规划
广州新客站～江南西	13.92	9	2010前建成段
江南西～三元里	8.10	8	已建段
三元里～嘉禾	9.37	7	2010前建成段
合计	31.39	24	

八号线全线线路车站及实施情况一览表

线路	长度（km）	车站	实施规划
新洲～万胜围	2.61	2	规划远期建设
万胜围～赤洲	1.83	1	在建段
赤洲～晓港	9.68	8	已建段
晓港～凤凰新村	3.46	4	2010前建成段
凤凰新村～黄金围	17.89	13	规划远期建设
合计	35.47	28	

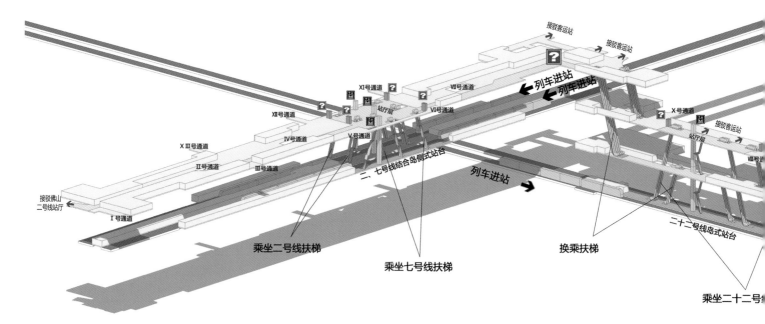

接驳客运站
接驳客运站
列车进站
列车进站
XI号通道
VII号通道
XII号通道
站厅层
VI号通道
X号通道
接驳客运站
XIII号通道
IV号通道
V号通道
站厅层
II号通道
III号通道
二、七号线结合岛侧式站台
列车进站
VII号通道
接驳佛山
二号线站厅
I号通道
乘坐二号线扶梯
乘坐七号线扶梯
换乘扶梯
二十二号线岛式站台
乘坐二十二号
广州南站立体构造

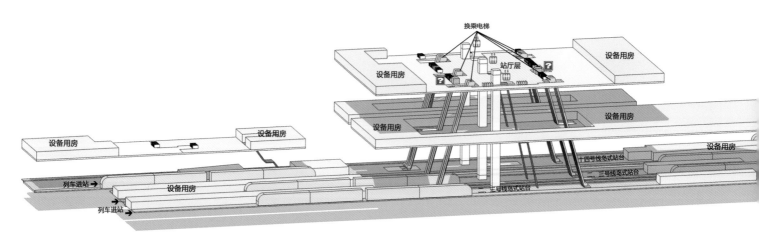

换乘电梯
设备用房
站厅层
设备用房
设备用房
设备用房
设备用房
列车进站
设备用房
十四号线岛式站台
二、三号线岛式站台
列车进站
七号线岛式站台

嘉禾望岗站立体构造

广州南站站厅层

广州南站站台层

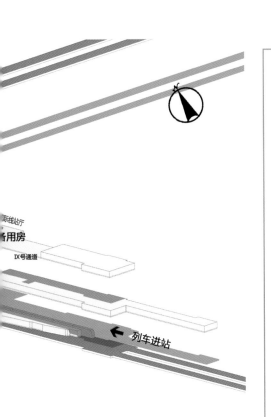

🏆 获奖情况

1 "城市轨道交通工程安全风险预防、控制及信息平台关键技术的研究与应用"获得2013年度广东省科学技术奖一等奖；

2 "复合地层盾构施工关键技术创新与实践"获得2013年度广东省科学技术奖二等奖；

3 "上软下硬复合地层地铁盾构掘进主要施工风险研究与控制"、"应用于城市轨道交通的火灾联动控制系统及方法"分别获得2010年度、2018年度广东省科学技术奖三等奖；

4 "复合地层盾构施工理论和技术创新的研究"、"应用于城市轨道交通的火灾联动控制系统"分别获得2009年度、2016年度广州市科学技术进步奖一等奖；

5 "轨道交通工程线路拆解及延长关键技术研究与应用"获得 2014年度广州市科学技术进步奖二等奖；

6 2014年度四川省住房和城乡建设厅四川省优秀工程勘察设计二等奖；

7 2013年度中国勘察设计协会优秀工程勘察设计奖市政公用工程轨道交通一等奖；

8 2013年度广东省工程勘察设计行业协会广东省优秀工程勘察二等奖；

9 2011年度中国铁道工程建设协会火车头优质工程奖；

10 2012年度广东省土木建筑学会第四届广东省土木工程詹天佑故乡杯奖。

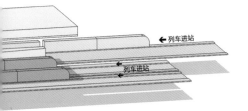

嘉禾望岗站站厅层

嘉禾望岗站站台层

成都地铁二号线工程

推荐单位
四川省土木建筑学会

1 工程概况

　　成都地铁2号线始于犀浦站，止于龙泉东站，是贯穿城市核心区和西北至东南区域的骨干线路，串联了城市政治、经济、文化中心（天府广场）、最大商业中心（春熙路）、大型高铁客运枢纽站（成都东客站）、市郊铁路区域枢纽（犀浦站）等，其在线网中重要的城市及交通功能是其他线路无法取代和比拟的。线路全长42.266km，设车站32座（其中地下

站27座、半地下站1座、高架站4座），主变电所2座，车辆段、停车场各1座。

2号线沿线周边环境复杂、交通繁忙、建（构）筑物密集，线路需多次近距离穿越城市建筑群、铁路、市政隧道、河流、高压铁塔群等，工程实施中重大风险源众多。所穿越地层主要为具有散粒性、高富水性、强透水性、高磨耗性的砂卵石和具有膨胀性的黏土及泥岩，均被视为盾构施工的"禁区"，属世界性难题。

工程于2007年12月开工，分三期建设，2014年10月全线通车运营，总投资193.23亿元。

2 科技创新与新技术应用

1 创新采用了新型换乘设计理念

通过在高富水砂卵石地层实施小净距交叉重叠盾构隧道的换边技术,创新实现犀浦站地铁与国铁安检互信和"0"距离同向同台平行换乘,两者之间的换乘时间由过去至少15min减少至1min以内。中医大省医院站创新采用"≠"型三线换乘设计型式,实现了同台、无缝、多点的便捷换乘,大幅减小车站规模、投资及对城市道路的影响。

2 研发了高富水砂卵石地层盾构隧道建设关键技术

通过对刀盘、刀具耐磨性及布置、螺旋输送机等关键技术的研究,成功解决了高富水砂卵石地层盾构掘进速度慢、滞后沉降严重等世界性难题,月掘进速度由60~120m提高到300m以上,科技成果达到国际领先水平,开创了国际先例。通过对膨胀岩土与地下结构相互作用机理、接触压力等关键技术的研究,成功解决了膨胀岩土地区盾构设计及施工建造难题。

3 地铁施工采用了远程实时监控系统

通过对成都高富水砂卵石地层盾构施工滞后沉降、地层破坏机理等的分析研究,在全国率先研发了地铁盾构施工远程实时监控系统,通过对盾构姿态、掘进速度、土压力、注浆量等关键掘进参数数据的实时同步传输,实现了远程控制、调整及自动预警,确保了施工安全。

4 提出资源共享设计理念,研发并应用"四新"技术

通过对地铁车站先桥后站、桥站隧合一、盾构隧道端头大管棚加固、盾构端头围护结构采用玻璃纤维筋、大跨度矩形矿山法零距离下穿市政隧道、环控系统冰蓄冷技术、接触网和环网电缆在高架线路中间敷设、线网车辆检修资源共享等新型建造技术的研究及应用,实现了地铁资源共享、高效节能、绿色环保的目标及理念。

高架车站

1　"砂卵石地层盾构隧道施工安全控制与高效掘进技术"获得2015年度国家技术发明奖二等奖；

2　"成都地铁盾构隧道工程建设关键技术"获得2012年度四川省科学技术奖一等奖；

3　"适应成都地质条件的盾构刀具及耐磨材料开发研究"获得2012年度四川省科学技术奖三等奖；

4　2013年度四川省住房和城乡建设厅工程勘察设计"四优"一等奖；

5　2014年度四川省住房和城乡建设厅四川省优秀工程勘察设计二等奖；

6　2015年度中国勘察设计协会全国优秀工程勘察设计奖市政公用工程二等奖、智能化建筑二等奖；

7　2015年度广东省工程勘察设计行业协会广东省优秀工程设计一等奖、广东省建筑智能化专项二等奖；

8　2018年度四川省土木建筑学会四川土木工程李冰奖；

9　2011年度、2012年度成都市城乡建设委员会成都市优质结构工程奖。

犀浦站地铁与国铁安检互信和"0"距离同向同台平行换乘

中医学院站2、4、5号线采用"≠"换乘

地下车站

上海长江路越江通道工程

推荐单位
上海市土木工程学会

1 工程概况

　　上海长江路越江通道工程是上海黄浦江底最大直径盾构法隧道，工程践行科技、绿色、安全、舒适的建设理念，通过对超大直径泥水平衡盾构建设关键技术的研究，创立了超近距离穿越桩基础技术、第二超高承压水按需抽灌一体化沉降精准控制技术，小曲率半径盾构轴线精确控制技术，整体技术水平达到国际先进，工程质量优良，为城市超大型地下通道建设提供了借鉴。

工程主线起于浦西长江路郝家港桥以东，在江南造船厂码头处穿越黄浦江后接浦东港城路，共设置三个出入口（港城路出入口、长江路主线出入口和军工路匝道出入口），浦西主线结构（长度约900m）与匝道结构（长度约700m）形成地下立交工程，并穿越运营铁路。工程全线长4912m，其中隧道主线长度为2860m，江中段圆隧道长1545m，圆隧道外径15m，内径13.7m，为双向6车道设计；浦东段接线道路

2.6km（含5座桥梁），红线宽度50m。本工程规划道路等级为城市主干路；隧道行车速度 60km/h；隧道车道宽度取用一根3.5m和二根3.75m车道宽度；隧道限界高度取5.0m，通行限高取4.8m；工程计算荷载为城-A级；隧道结构设计服务使用年限100年。

工程于2008年12月26日开工建设，2016年9月10日竣工，总投资37.36亿元。

2 科技创新与新技术应用

1 首创15m级超大直径盾构超近距离穿越桥梁桩基工法。盾构连续迭次穿越净距仅1m的运行中轨道交通3号线和逸仙路高架桩基础，最终沉降控制在1cm以内。

2 直径15m级的盾构机往返"S形"穿梭于最小平曲线半径为910m的黄浦江下游软土地层，为当时同级别盾构最小转弯半径之最。通过对盾构设备改制、盾构轴线控制和同步注浆等技术措施，成功将隧道轴线偏差控制在±70mm以内。

3 研发的按需降水、抽灌一体化地下水位和地面沉降精准双控成套技术，首次在上海第二层高承压水中得到成功应用，确保运行轨道交通3号线沉降控制在10mm以内。

4 在长大隧道中创建了专用消防救援专用通道、组合式逃生救援通道、侧向移门疏散方式、疏散救援标识体系等多位一体的消防救援疏散创新体系，提高了安全救援能力。

5 首次采用绿色节能环保的自然光光导照明系统替代传统的高压钠灯加强照明，与高压钠灯加强照明相比节约能耗40%以上。

6 研发的全空间绿色节能环保LED照明系统，隧道管理中心、风塔与地下立交集约设计，隧道大容量设备中高压软起动等新技术在该工程中得到了集成应用，建立了完整的功能型、服务型、环保型城市地下交通设施安全标准体系，具有良好推广价值。在桅杆与塔体之间采用新型的承接方式连接，使结构更加安全合理，同时也降低了施工难度。

长江路越江通道浦西段全景图

深基坑第二层承压水降回灌一体化技术

长江路越江通道工程光导照明

LED照明应用及暗埋段内景图

长江路通道近距离穿越轨道交通和逸仙路高架桩基

长江路通道近距离穿越轨道交通和逸仙路高架桩基

长江路越江通道港城路出入口

长江路越江通道总体出入口布置图

1　"LED隧道照明系统技术"获得2016年度上海市科技进步奖二等奖；

2　"基坑降水中MAMA组合地层的沉降机制与帷幕——井群控沉体系"获得2015年度教育部科学技术进步奖二等奖；

3　"超大直径泥水平衡盾构施工工法创新及应用"、"超深埋超大直径盾构隧道技术创新及应用"分别获得2016年度、2017年度上海市科技进步奖三等奖；

4　"超深埋超大直径盾构隧道技术创新及应用"获得2017年度华夏建设科学技术奖三等奖；

5　2017年度上海市市政公路行业协会上海市市政工程金奖；

6　2012年度、2013年度上海市建筑施工行业协会上海市优质工程（结构工程）奖。

长江路越江通道长江路出入口

长江路越江通道军工路出入口

珠海横琴新区市政基础设施项目

广东省土木建筑学会 推荐单位

1 **工程概况**

珠海横琴新区市政基础设施项目位于粤港澳大湾区深度合作示范区——珠海横琴，是国家"十二五"规划重点建设项目。施工内容包括场地吹填、软基处理、城市主干道路、综合管廊、高边坡防护工程等，其中市政主次干道71.79km，综合管廊主干线路33.4km，辐射横琴岛106km²的范围，工程设计先进、绿色环保，施工技术创新、质量优良，是近十年来全国单项最大的市政基础设施项目之一。

项目位于滨海海相沉积欠固结饱和流塑淤泥地层，部分接合剥蚀残丘地层，原始地貌为涌沟、鱼塘、风化山体。淤泥平均层厚约22m，最厚达41.5m，平均含水率70%，黏聚力$c=2.3$，内摩擦角$\phi=1.2$，渗透系数在10^{-7}cm/s级，塑性指数高达26；剥蚀残丘地层岩面起伏变化大。地质差，情况复杂，道路、深基坑施工难度极大。

市政道路及管廊带区域采用海砂吹填造地，采用真空联合堆载预压、堆载预压方式对软基进行排水固结处理，部分路基采用多种复合桩地基处理，道路15年工后沉降小于30cm；综合管廊为多舱现浇混凝土结构，内集纳220kV电力、通信、给水、中水等6种供辅管线；山体高边坡采用"中空自进式锚杆+框格梁"方式进行防护。

工程于2010年5月开工，2014年9月竣工验收，工程决算160亿元。

2 科技创新与新技术应用

1. 围绕"山脉田园、水脉都市"规划设计理念，将道路、管廊、水系、山体边坡巧妙融合，运用多项新材料、新技术，设计领先。

2. 按100年规划发展需求一次性设计建造33.4km城市地下综合管廊，超前集纳给水、电力、通信、中水、垃圾真空管等综合管线，创新设计节点，运营技术先进，系统化实现城市综合管廊的"动脉"、"静脉"功能，设计超前、领先。

3. 研发了超长距离带状场地水域吹填造地施工关键技术，有效解决水域吹填不均匀易形成"泥尾坑"的难题；研发了场地真空预压处理真空度测控、修复技术，发展完善了真空预压软基处理设计、施工及检测验评技术，有效缩减软基道路工后沉降及不均匀沉降。通车4年，平均工后沉降6.3cm，远小于设计预期。

4. 针对海相沉积淤泥地层及剥蚀残丘复杂地层中深基坑支护及开挖，研发了地层预改良处理、堆载砂井预压后注浆加固、饱和土挤排减压、桩底基岩预裂后注浆、软土地层阶梯式组合支护、吊脚嵌岩桩支护、超前静力破碎开挖基岩等系列专利技术，有效解决基坑工程难题，节约施工成本，提高工效。

5. 针对复杂地层综合管廊施工，提出基于模拟分析"管廊-土"相互作用状态的优化分段施工方法，研发了管廊本体变形缝防渗漏接头，提高管廊施工质量；研发了管廊受限空间内大直径管道快速安装技术，减少管道施工焊口，提高工效。

6. 国内率先实行"公司化运营、物业式管理"的综合管廊运维模式，率先实施五大光纤传感检测系统，实现智慧化管理运维，率先制定综合管廊运营管理地方规范标准，率先实现综合管廊珠海特区地区立法保护，具有先进性。

7. 本项目荣获全国首个综合管廊"鲁班奖"，项目设计、施工及管廊运营管理技术先进，成果丰富，在国内承接大量观摩、交流活动，起到引领示范作用，社会效益突出；本项目节约用地40余公顷，避免市政管线维护重复"马路拉链"现象，间接经济效益超过100亿元，经济效益明显。

环岛东路南段一侧

泛光带及绿化带

综合管廊控制中心

真空联合堆载预压处理

高边坡防护

环岛东路中段一侧

🏆 获奖情况

1　2016年度中华人民共和国住房和城乡建设部中国人居环境范例奖；

2　"珠海横琴市政基础设施环境友好建造技术研究及应用"获得2018年度华夏建设科学技术奖二等奖；

3　2015年度四川省住房和城乡建设厅工程勘察设计"四优"一等奖；

4　2011年度广东省城市规划协会广东省优秀城市规划设计二等奖；

5　2016～2017年度中国建筑业协会中国建设工程鲁班奖；

6　2015年度中国市政工程协会全国市政金杯示范工程；

7　2017年度广东省土木建筑学会第九届广东省土木工程詹天佑故乡杯。

综合管廊内大直径管线布置

综合管廊内管线布置

上海白龙港污水处理厂
提标改造除臭工程

推荐单位
中国土木工程学会总工程师工作委员会

1 工程概况

白龙港污水处理厂提标改造除臭工程是2015年上海市两会期间提出的一项为改善污水处理过程中散逸臭气对周边环境影响，解决邻避效应的重大民生工程，也是国内第一次针对大型污水厂100多座污水污泥处理设施、上万个高浓度臭气释放源实施全封闭全收集全处理的专项整治工程。工程总除臭风量4200万m³/d，加罩面积超25万m²，收集风管超78.5km，并配套新建再生水处理和生物除臭菌自培养供给系统，是目前世界上规模最大、国内标准最高的污水厂除臭创

项目全景

新工程，无任何可借鉴经验。

项目为解决老旧薄壁污水处理池大面积臭源无序散逸收集难题，在国内率先研发大跨度轻质高强全玻璃钢除臭罩，实现了臭气的多级束流收集；攻克大型污水厂臭气均匀输送技术，实现了臭气的小阻力长距离均匀负压安全输送；根据气流介质特性，研制了可视化气流动示仪，实现了无色气流的可观测可调节，而且传动构件不会被腐蚀；在全国首创高浓度臭气智能反馈型多级复合除臭技术，实现多种模式灵活

控制，臭气总去除率高达99.99%以上；创新研发了超大跨除臭罩悬索吊运技术，减少罩体二次驳运工程量，精准定位安装，实现不停水、不降质、不减量施工，交叉作业无缝衔接，大大缩短了工期。

工程于2015年12月3日开工，2016年6月21日竣工验收，工程决算7.95亿元。

2 科技创新与 新技术应用

1 世界上规模最大、国内标准最高的污水厂除臭工程，为同类项目建设提供了可借鉴可复制的高效率解决方案和高标准决策依据，支撑了国家和上海市臭气排放标准的升级，推动了污水厂除臭工程的技术进步。

2 研发应用了单跨超15m的轻质高强全玻璃钢除臭罩，低净空设计减少需除臭气量2/3，臭气收集浓度同比增高，实现源头减量，经科技查新评价达到国际领先水平，获上海市优秀发明金奖。

3 应用三维扫描BIM建模及温差异重流CFD气态模拟组合技术设计除臭罩，运用动力学模型流态分析，实现臭气的多级束流收集，消除了滞止区和涡流区。

4 研发应用了同程等压差布置+气流动示仪技术，攻克大型污水厂臭气均匀输送难题，实现了多枝节点有毒有害气体的小阻力长距离均匀负压安全输送。

5 研发应用了高浓度臭气智能反馈型多级复合除臭技术，臭气总去除率高达99.99%以上，获中国专利优秀奖、上海市优秀发明金奖和上海市发明创造奖，经科技查新评价达到国际领先水平。

6 首创应用了悬索循环除臭罩吊装施工技术，减少罩体二次驳运工程量，精准定位安装，交叉作业无缝衔接，缩短了工期。

智能反馈型多级复合除臭装置

生反池加盖鸟瞰图

轻质高强全玻璃钢除臭罩

生反池加盖俯视图

🏆 获奖情况

1 "大型污水厂污水污泥臭气高效处理工程技术体系与应用"获得2019年度国家科技进步奖二等奖；

2 "大型污水治理设施恶臭气体处理集成技术与示范"获得2018年度上海市科技进步奖二等奖；

3 2017年度中国勘察设计协会全国优秀工程勘察设计行业奖优秀市政公用工程"给水排水工程（含固废）"一等奖；

4 2017年度上海市勘察设计行业协会上海市优秀工程设计一等奖；

5 2018~2019年度中国施工企业管理协会国家优质工程奖；

6 2017年度上海市建筑施工行业协会上海市建设工程"白玉兰"奖（市优质工程）；

7 2017年度上海市市政公路工程行业协会上海市市政工程金奖。

武汉环东湖绿道工程

推荐单位
湖北省土木建筑学会

1 工程概况

　　该工程是国内首条中心城区5A级景区绿道，秉承"让城市安静下来"的理念，打造世界级环湖绿道，推进海绵城市建设，落实长江大保护，缓解城市发展与自然保护的冲突。项目全长101.98km，其中一期工程28.7km，由湖中道、湖山道、磨山道、郊野道4条主题绿道组成，一级驿站3个、二级驿站9个、三级驿站12个、景点67个。全线共计建设海绵斑块

武汉东湖绿道夜景

节点15个、生态式驳岸19.7km、大型海绵公园4个。采用自然、生态、环保的铺装材料共计65种，涵盖天然石材，天然木材及二次利用废旧建材，共铺装20.3万m²。景观种植种类达105种。项目充分考虑生态保护，设置24处动物通道及鸟类栖息地。

绿道建成后，有效串联起东湖丰富的人文和自然资源，扩充了市民游憩、休闲的城市共享生活空间。开放至今，已接待了超过1200万人次的中外游客。累计举办超过1230余场百人以上大型活动，包括国内外重要赛事及外事活动，东湖绿道已成为武汉的一张鲜明靓丽的名片。

工程于2016年4月开工建设，2016年12月竣工，总投资约8.2亿元。

2 科技创新与新技术应用

1. 注重提升东湖丰富的人文和历史内涵。在与风景区原有景色特点相联系的基础上，本工程的步道、驿站、景点又充分与楚、三国、近代文化历史相结合，在休闲赏景的同时，感受不同的文化熏陶，实现放得了松、看得了景、赏得了文化、"听"得见历史故事。

2. 注重因地制宜，顺势而为。步道、驿站、景点等组成部分能够借势而做，用不同的形态、断面、布局、功能与东湖和东湖周边环境相融合，与人文关怀相适应，达到使游客游而不累的目的。

3. 注重构建人性化游径系统。东湖本身作为一个老景区，本工程在挖掘原有游径系统潜力的基础上，通过优化交通路线、停车网络以及电瓶车、自行车、水上交通支撑体系，确保了游人进得来、游得畅、出得来、不扰民。

4. 注重科技成果支持。结合工程需要，开展了人文景观慢行网络构建技术、大数据智慧管理服务平台构建技术和水生态构建技术研究等，相关成果支撑了工程的建设和运行。

5. 注重生态环境构建。工程注重提升绿色内涵，注重生态优先，通过绿色措施，进行了较好的"海绵城市"示范区构建；通过生态驳岸、水自然净化设施建设，本工程也为东湖水环境保护和提升做出重要支撑。

6. 注重带动全域旅游。以东湖作为武汉旅游龙头，借助步道覆盖范围广、串联作用大的优势，有机地实现了串珠作用，将市域的其他景点串接起来，增加了旅游的广度，扩大了旅游的范围，促进了旅游经济发展。

武汉东湖绿道航拍图

武汉东湖绿道航拍图

湖心岛

武汉东湖绿道航拍图

绿道生态驳岸

驿站驳岸与垂柳融为一体

🏆 获奖情况

1 2016年度联合国人居署改善城市公共空间示范项目；

2 2018年度亚洲园林协会"园冶杯"市政园林奖金奖；

3 2018年度中国城市规划协会全国优秀城乡规划设计二等奖；

4 2017年度湖北省城市规划协会湖北省优秀城乡规划设计奖（城市规划）一等奖、湖北省优秀城乡规划设计奖（风景名胜区规划专项）一等奖；

5 2018年度湖北省勘察设计协会湖北省优秀勘察设计项目一等奖；

6 2018年度湖北省市政工程协会湖北省市政示范工程金奖。

生态铺装材料之废旧磨石

太仓裕沁庭住宅小区工程

推荐单位
中国土木工程学会住宅工程指导工作委员会

1 工程概况

太仓裕沁庭位于苏州太仓市上海东路北和娄江南路东交汇处,被列入"苏州市宜居示范居住区项目"。项目用地面积7.87公顷,规划总户数511户,总建筑面积195528.20㎡,其中住宅建筑面积138615.11m²,配套服务建筑4811.63m²,地库面积50325.00m²,容积率1.8。小区包含了11栋住宅,其中1#、2#、4#、5#、7#、8#、10#为23层,3#为12层,6#、9#

为9层，11#为22层。另有一栋设置了泳池的配套服务用房。项目紧邻上海市区，区位优势明显。周边区域商业、科教和医疗配套完善；交通便捷，自然景观优美。

本项目贯彻以人为本的思想，较好地将国外在居住空间的有效利用及材料部品的精细化、工业化等方面的技术优势，与中国住区文化及生活习惯相结合，创造出一个布局合理、功能齐备、交通便捷、绿意盎然、具有文化内涵的低碳、宜居、品质型生态住宅，贡献出一处满足诗意栖居、契合心灵归属的宜居场所。

项目于2013年4月开工，2016年7月竣工，总投资15.6亿元，被列入"苏州市宜居示范居住区项目"。

2 科技创新与新技术应用

1 规划上模仿植物叶脉进行小区路网、平面肌理布局，各单体住宅沿叶脉布置，形成既围合又相互渗透的流动空间，整个空间灵动多变而趣味横生；首层局部架空，提供空间转换和邻里社交活动场所，增加空间层次，加强与环境的交融；地上地下双大堂设置，营造温馨氛围，同时缓解地面车流人流；局部的下沉式庭院，增强自然采光及通风，改善地下车库环境。

2 本项目绿地率40.8%，屋顶绿化面积583.9m²、场地年径流总量控制率55%，

太阳能热水供热比例14.29%，设置了500m³雨水回用系统，非传统水源利用率为10.86%，绿色节能。

3 采用被动式新风系统，每个房间设置一个新风口，风口具有中效过滤功能。通过厨房卫生间排风，形成有效的新风气流组织；同时房间内空调回风口设置PM2.5过滤功能，有效去除室内PM10、PM2.5等污染物，提升室内空气质量。

4 采用发泡聚氨酯外墙内保温，实现保温内装一体化，整体性能好，有效解决了

立面实景图

冷桥、结露等问题，建筑节能率达到66.42%。

5 采用新型全钢附着式脚手架体系专利技术进行施工，节省材料和人工，降低安全隐患，提升施工效率和建造品质。

6 采用自主研发形成的装配式内装系统，内装部品在工厂制作，全干式作业，提升工程质量及居住舒适度。

7 采用智能化物业管理和安全管理系统，为住户提供高效优质服务。

 获奖情况

1 2018年度日本振兴设计会（Japan Institute of Design Promotion）日本Good Design Award；

2 2018年度上海市勘察设计行业协会上海市优秀住宅小区设计一等奖；

3 2016年度江苏省住房和城乡建设厅江苏省"扬子杯"优质工程奖；

4 2015年度中华人民共和国住房和城乡建设部二星级绿色建筑设计标识证书；

5 2019年度江苏省住房和城乡建设厅二星级绿色建筑运行评价标识证书。

俯瞰实景图